EX—LIBRIS

杨俣旻《安德鲁博士》1997

大自然博物馆 百科珍藏图鉴系列

蝴 蝶

大自然博物馆编委会　组织编写

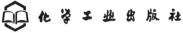

化学工业出版社

·北京·

图书在版编目（CIP）数据

蝴蝶／大自然博物馆编委会组织编写 . —北京：化学
工业出版社，2019.4（2024.11重印）
（大自然博物馆. 百科珍藏图鉴系列）
ISBN 978-7-122-33946-1

Ⅰ.① 蝴… Ⅱ.① 大… Ⅲ.① 蝶 - 图集 Ⅳ.
①Q964-64

中国版本图书馆 CIP 数据核字（2019）第 032231 号

责任编辑：李 丽 邵桂林 责任校对：边 涛
装帧设计：任月园 时荣麟

出版发行：化学工业出版社（北京市东城区青年湖南街13号 邮政编码100011）
印 装：涿州市般润文化传播有限公司
850mm×1168mm 1/32 印张9 字数210千字 2024年11月北京第1版第3次印刷

购书咨询：010-64518888 售后服务：010-64518899
网 址：http://www.cip.com.cn
凡购买本书，如有缺损质量问题，本社销售中心负责调换。

定 价：59.90元

大 自 然 博 物 馆 百科珍藏图鉴系列

编写委员会

总序

人·自然·和谐

中国幅员辽阔、地大物博，正所谓"鹰击长空，鱼翔浅底，万类霜天竞自由"。在九百六十万平方公里的土地上，有多少植物、动物、矿物、山川、河流……我们视而不知其名，睹而不解其美。

翻检图书馆藏书，很少能找到一本百科书籍，抛却学术化的枯燥讲解，以其观赏性、知识性和趣味性来调动普通大众的阅读胃口。

"大自然博物馆·百科珍藏图鉴"丛书正是为大众所写，我们的宗旨是：

- 以生动、有趣、实用的方式普及自然科学知识；
- 以精美的图片触动读者；
- 以值得收藏的形式来装帧图书，全彩、铜版纸印刷。

我们相信，本套丛书将成为家庭书架上的自然博物馆，让读者足不出户就神游四海，与花花草草、动物近距离接触，在都市生活中撕开一片自然天地，看到一抹绿色吸到一缕清新空气。

本套丛书是开放式的，将分辑推出。

第一辑介绍观赏花卉、香草与香料、中草药、树、野菜、野花等植物及蘑菇等菌类。

第二辑介绍鸟、蝴蝶、昆虫、观赏鱼、名犬、名猫、海洋动物、哺乳动物、两栖与爬行动物和恐龙及史前生命等。

随后，我们将根据实际情况推出后续书籍。

在阅读中，我们期望您发现大自然对人类的慷慨馈赠，激发对自然的由衷热爱，自觉地保护它，合理地开发利用它，从而实现人类和自然的和谐相处，促进可持续发展。

前言

"缥缈青虫脱壳微，不堪烟重雨霏霏。一枝秾艳留教住，几处春风借与飞。"（唐·徐夤）

"桃红李白一番新，对舞花前亦可人。才遇东来又西去，片时游遍满园春。""狂随柳絮有时见，舞入梨花何处寻。江天春晚暖风细，相逐卖花人过桥。"（宋·谢逸）

"春天/第一只蝴蝶身披橙紫/从我的小路掠过/如一朵飞舞的花儿/让我生活的色彩/从此改变。"（【英】迈克尔·布洛克）

蝴蝶，以其绚丽的色彩、翩翩的飞行姿态，一直受到古今中外人们的赞颂。它是大自然的精灵，是会飞翔的花朵。春天，去郊野踏青，在柔嫩的青草上，在吐露芬芳的野花丛中，时不时掠过蝴蝶的身影，给人们平添几分雀跃的心情。

庄周梦蝶，写得轻灵缥缈，是哲学家和文学家的心头好，引发人的哲思：如果能打破生死、物我的界限，则无往而不快乐。破茧成蝶，在社会文化中则有激励人心的意蕴：一只丑陋的毛毛虫在痛苦中挣扎并破茧而出，化为蹁跹的蝴蝶，这种重获新生的努力可媲美西方童话中的从丑小鸭到白天鹅。梁祝坟墓前的"化蝶"，则描绘了爱情的凄美和忠贞，生不能同衾，死也要同穴，最终化为蝴蝶双双飞。一只南美洲亚马孙河流域热带雨林中的蝴蝶扇动了一下翅膀，可能在两周后引起美国德克萨斯州的一场龙卷风，则是著名的"蝴蝶效应"，其科学内涵和哲学魅力一直发人深省：事物皆是有联系的，一件小事很有可能引起周围事物的相应变化。

在我国九百六十万平方公里的土地上，气候变化万千，植被资源数不胜数，也给蝴蝶提供了孕育和生存的良好环境，尤其是在我国南方地区。大理有"蝴蝶泉"，云南省红河哈尼族彝族自治州有山清水秀、瀑布成群、蝴蝶纷飞的"中华蝴蝶谷"，东北大兴安岭、小兴安岭地区的高山苔原带则产出珍稀的艾雯绢蝶。

走到大自然中，去观赏蝴蝶。除了给人们美的教育和精神激励，蝴蝶还有不可替代的生态价值：它们传播花粉，促进植物果实的孕育，给人类提供食物和其他有经济用途的作物。

今天，有些蝴蝶已实现人工培育，有的尚待人类去发现，有的遍布几大洲，有的已日渐濒危。我们急需增强对蝴蝶的认知和了解，从而能够采取措施合理地保护它们。

本书收录介绍了11类蝴蝶总计近200种，本着"立足国内，放眼世界"的原则，以讲述我国南北常见蝴蝶为主，同时收录世界上著名的蝴蝶品种，如非洲达摩凤蝶、南美洲光明女神闪蝶，以及仅分布在新几内亚东部亚历山大女皇鸟翼凤蝶等。全书图片近600幅，精美绝伦，文字讲述风趣、信息量大，是不可多得的自然科普读物。本书适于科普爱好者、户外运动爱好者、生态园艺工作者和蝴蝶养殖者阅读鉴藏。

鹿眼蛱蝶

蓝凤蝶

本书详细讲述了近200种蝴蝶的形态和习性。阅读前了解如下指南，有助于获得更多实用信息。

蝴蝶名称
提供中英文名称 ●

基本信息
提供赏蝶季节、
赏蝶环境等信息 ●

蝴蝶简介
用生动方式简介蝴蝶，
给读者直观了解 ●

蝴蝶形态
指导你认识和鉴别蝴蝶 ●

蝴蝶习性
介绍蝴蝶的飞行、宿
主、食物、栖境及常用
繁殖方式等 ●

图片注释
提供蝴蝶的高清图，方
便你仔细观察其头、
躯、翅膀等，认识蝴蝶
的具体生长特点，以便
于增强认知，准确鉴别

篇章指示　　　**蝴蝶科属**　　　**蝴蝶学名**

艾雯绢蝶 ▶ 绢蝶科，绢蝶属 | 学名：*Parnassius eversmanni* Mén

艾雯绢蝶

种群数量较少的珍稀

赏蝶季节：成虫6~7月较多见
赏蝶环境：海拔2000m左右高山苔原带

艾雯绢蝶是数量较少的绢蝶种类，也是我
国绢蝶中最鲜为人知的一种，它有着鲜黄的体
色，非常特别且容易辨识。在北半球北部可
见，包括东亚和北美的阿拉斯加、加拿大的育
空地区，在我国分布的地域则非常狭窄，仅见
于大小兴安岭地区，据说它曾出没于长白山区。

形态 艾雯绢蝶雌、雄异色，头、胸部密被绒毛。翅膀呈半透明状，
色，雌蝶翅面为黄白色；触角黑色，使之区别于福布绢蝶。两扇后
红色斑点，其外围是一圈黑色。

习性 飞行：速度快，喜访低矮的小花，有时候地飞过草地和苔原。
紫堇属植物为宿主。食物：成虫喜访花，吸食花蜜等。栖境：自然保
地和山间的岩石坡地，或者山谷溪流附近，喜欢在灌木柳间活动。繁
历卵—幼虫—蛹—成虫四个阶段；幼虫黑色，身上有短毛和黄白色的
成虫通常需要2年的时间，长时间的孕育期要求卵必须能度过漫长的
零下50℃的严寒。

翅膀近边缘处有着半透明
的质感，薄如绢翼

别名：不详 | 英文名：Eversmann's parnassian | 翅展：46~54mm

▶ 分布：俄罗斯、蒙古、日本、加拿大、美国阿拉斯加等地，中国见于

图片展示

提供蝴蝶的生境图，方便你观察到其自然的生长状态，对整体形象产生认知

动物科学分类示例

绢蝶科　　　　*Parnassiidae*

绢蝶属　　　　*Parnassius*

艾雯绢蝶　*Parnassius eversmanni*

　　　　　　　Ménétriés,1850

二名法

属名，种名 •———— *Parnassius eversmanni*

　　　　　　　　　Ménétriés, 1850

命名者 •

　　　　　　　　　　　　命名时间

蝴蝶别名

提供一至多种别名，方便认知

蝴蝶英文名

提供英文名称

蝴蝶翅展

提供翅展信息，供了解其大小

蝴蝶分布

提供蝴蝶在世界范围内的简略生长、分布信息，并指明在我国的生长区域，方便观察

警告 本书仅介绍蝴蝶相关知识，应慎碰触、捕捉，以免发生危险或破坏生态环境。

蝴蝶的生态价值………018

认识蝴蝶………022

蝴蝶的分类………024

蝴蝶的生活史………026

蝴蝶的生活习性………032

PART 1

凤　蝶

裳凤蝶 ………………040

金裳凤蝶 ……………041

玉带凤蝶 ……………042

玉斑凤蝶 ……………043

巴黎翠凤蝶 …………044

绿带翠凤蝶 …………045

小天使翠凤蝶 ………048

英雄翠凤蝶 …………049

果园美凤蝶 …………050

达摩凤蝶 ……………051

非洲达摩凤蝶 ………052

北美黑凤蝶 …………053

碧凤蝶 ………………054

蓝凤蝶 ………………055

金凤蝶 ………………056

西部虎凤蝶 …………057

东方虎凤蝶 …………060

老虎凤蝶 ……………061

美凤蝶 ………………062

红斑美凤蝶 …………063

窄斑翠凤蝶 …………064

柑橘凤蝶 ……………065

巨燕尾蝶 ……………066

燕凤蝶 ………………067

绿带燕凤蝶 …………068

青凤蝶 ………………069

统帅青凤蝶 …………070

木兰青凤蝶 …………071

长尾虎纹凤蝶 ………074

红珠凤蝶 ……………075

斑凤蝶 ………………076

绿凤蝶 ………………077

旖凤蝶 ………………078

麝凤蝶 ………………079

长尾麝凤蝶 …………082

瓦曙凤蝶 ……………083

中华虎凤蝶 …………084

翠叶红颈凤蝶 ………085

亚历山大女皇鸟翼凤蝶…086

歌利亚鸟翼凤蝶 ……087

红鸟翼凤蝶 …………088

绿鸟翼凤蝶 …………089

蓝鸟翼凤蝶 …………090

悌鸟翼凤蝶 …………091

钩尾鸟翼凤蝶 ………092

石冢鸟翼凤蝶 ………093

波利西娜凤蝶 ………094

红星花凤蝶 …………095

多尾凤蝶 ……………096

亚美利加杏凤蝶 ……097

PART 2

袖　蝶

环袖蝶 ·················100

红带袖蝶 ···············101

幽袖蝶 ·················102

阿图袖蝶 ···············103

黄条袖蝶 ···············104

青衫黄袖蝶 ·············105

海神袖蝶 ···············106

艺神袖蝶 ···············107

羽衣袖蝶 ···············110

白裳蓝袖蝶 ············· 111

拴袖蝶 ·················112

黄斑扇袖蝶 ············· 113

PART 3

粉　蝶

宽边黄粉蝶 ·············116

钩粉蝶 ·················117

报喜斑粉蝶 ·············118

优越斑粉蝶 ·············119

艳妇斑粉蝶 ·············120

绢粉蝶 ·················121

菜粉蝶 ·················122

暗脉菜粉蝶 ·············123

欧洲粉蝶 ···············124

橙粉蝶 ·················125

迁粉蝶 ·················126

梨花迁粉蝶 ············· 127

云粉蝶 ·················130

鹤顶粉蝶 ···············131

檗黄粉蝶 ···············132

红襟粉蝶 ···············133

斑缘豆粉蝶 ············· 134

利比尖粉蝶 ·············135

PART 4

斑　蝶

君主斑蝶 ···············138

女皇斑蝶 ···············139

金斑蝶 ·················140

黑虎斑蝶 ··············· 141

虎斑蝶 ·················144

豹纹斑蝶 ···············145

青斑蝶 ·················146

啬青斑蝶 ···············147

绢斑蝶 ·················148

大绢斑蝶 ···············149

旖斑蝶 ·················150

拟旖斑蝶 ··············· 151

大帛斑蝶 ··············· 152

马拉巴尔帛斑蝶 ········153

蓝点紫斑蝶 ············· 154

幻紫斑蝶 ···············155

异型紫斑蝶 ············· 156

白壁紫斑蝶 ············· 157

黑虎斑蝶

PART 5

眼 蝶

暮眼蝶 ················160

苔娜黛眼蝶 ············161

黄环链眼蝶 ·········· 162

隐藏珍眼蝶 ············163

小眉眼蝶 ··············164

波翅红眼蝶 ············165

蛇眼蝶 ················168

玛毛眼蝶 ············169

阿芬眼蝶 ··············172

加勒白眼蝶 ·········· 173

帕眼蝶 ·············· 174

潘非珍眼蝶 ·········· 175

PART 6

蛱 蝶

枯叶蛱蝶 ·············178

玻璃翼蝶 ··············179

大二尾蛱蝶 ············182

忘忧尾蛱蝶 ············183

佳丽尾蛱蝶 ············184

问号蛱蝶 ············· 185

红锯蛱蝶 ············· 186

白带锯蛱蝶 ············187

紫闪蛱蝶 ··············188

细带闪蛱蝶 ·············189

孔雀蛱蝶 ··············190

钩翅眼蛱蝶 ············191

翠蓝眼蛱蝶 ············192

鹿眼蛱蝶 ············· 193

黄裳眼蛱蝶 ············ 194

斑马纹蝶 ··············195

网蛱蝶 ················196

大网蛱蝶 ··············197

狄网蛱蝶 ··············198

帝网蛱蝶 ············· 199

绿豹蛱蝶 ··············200

蜘蛱蝶 ················201

绿斑角翅毒蝶 ·········202

潘豹蛱蝶 ··············203

小豹蛱蝶 ··············204

白带螯蛱蝶 ············ 205

女神珍蛱蝶 ············206

金堇蛱蝶 ··············207

绿带豹斑蛱蝶 ··········208

台湾帅蛱蝶 ············209

灿福蛱蝶 ··············210

散纹盛蛱蝶 ············211

琉璃蛱蝶 ··············212

青鼠蛱蝶 ··············213

雌红紫蛱蝶 ············214

大紫蛱蝶 ··············215

PART 7

绢 蝶

阿波罗绢蝶 ············218

冰清绢蝶 ············ 219

小红珠绢蝶 ············220

觅梦绢蝶 ············ 221

福布绢蝶 ············222

艾雯绢蝶 ············ 223

PART 8

闪 蝶

光明女神闪蝶 ············226

欢乐女神闪蝶 ············227

歌神闪蝶 ············228

月神闪蝶 ············229

太阳闪蝶 ············230

黑框蓝闪蝶 ············231

海伦闪蝶 ············232

双列闪蝶 ············233

晶闪蝶 ············234

多音白闪蝶 ············235

PART 9

灰 蝶

宽白带琉璃小灰蝶 ······238

尖翅灰蝶 ············239

昙梦灰蝶 ············ 240

红灰蝶 ············241

斑貉灰蝶 ············ 242

线灰蝶 ············ 243

豹灰蝶 ············ 244

黄星绿小灰蝶 ············245

波太玄灰蝶 ············248

尖翅银灰蝶 ············249

红边小灰蝶 ············250

淡黑玳灰蝶 ············251

酢浆灰蝶 ············ 252

伊眼灰蝶 ············253

黑点灰蝶 ············ 256

酷灰蝶 ············ 257

PART 10

弄 蝶

弄蝶 ············260

珠弄蝶 ············ 261

欧洲弄蝶 ············262

黑豹弄蝶 ············ 263

银弄蝶 ············264

隐纹谷弄蝶 ············265

光明女神闪蝶

小赭弄蝶 ················266

银针趾弄蝶 ·············267

双带弄蝶 ···············268

姜弄蝶 ·················269

白伞弄蝶 ···············270

角翅弄蝶 ···············271

锦葵花弄蝶 ·············272

银星弄蝶 ···············273

PART 11

蚬 蝶

蛇目褐蚬蝶 ············276

波蚬蝶 ·················277

银纹尾蚬蝶 ············278

黑燕尾蚬蝶 ············279

索 引

中文名称索引 ··········282

英文名称索引 ··········284

拉丁名称索引 ··········286

参考文献

苎麻珍蝶

北美喙蝶

青衫黄袖蝶

蝴蝶的生态价值

蝶，通称"蝴蝶"，是节肢动物门、昆虫纲、鳞翅目、锤角亚目动物的统称。该物种一般色彩鲜艳丰富，身上具条纹，翅膀和身体有各色花斑，翅展长可达28～31cm（新几内亚东部的亚历山大女皇鸟翼凤蝶，雌性翼展可达31cm），短则仅有约0.7cm（阿富汗的渺灰蝶）。

蝴蝶分布

蝴蝶在地球上分布极为广泛，南自赤道，北至北极圈，都可看到其踪影。

在世界范围内，南美洲亚马孙河流域出产的蝴蝶数量最多，拥有世界上最美丽、最有观赏价值的蝴蝶，如闪蝶类，该蝶类也多出产于南美洲巴西、秘鲁等国；其次是东南亚、南太平洋一带，如印度尼西亚、巴布亚新几内亚等国。

在我国，蝴蝶在各个地方都有分布，在南方亚热带地区尤其多见，云南、海南、广西产蝶最为丰富，均在600种以上；其次为台湾、广东、福建、四川，产蝶在400种以上；北京、河北、山西等中西部地区产蝶在250种左右；新疆、内蒙古、黑龙江等北部地区产蝶较少，约200种。

在同一分布地区，由于不同海拔高度而形成不同温湿度的环境和不同的植物群落，也相应形成了很多不同的蝴蝶种群。

美国佛罗里达州椰子溪有美国最大也是西半球最大的蝴蝶公园。

每年冬天到来之前，有一种黑、白、橙三色大蝴蝶便飞越美国，从故乡加拿大飞到温暖的墨西哥过冬，几千万只一起行动，浩浩荡荡往南飞

除了极寒地区以外，亚洲绝大部分地区均有蝴蝶分布，中国从北部漠河到南部台湾、海南均有多品种的蝴蝶

非洲撒哈拉沙漠及其以南的整个热带区有2500种以上的蝴蝶，其中非洲凤蝶有上万种翅膀样式及颜色，长翅毒凤蝶是非洲最大、世界上翅膀最长的蝴蝶，身体有剧毒，能避开雨林中敌害的袭击

在美洲，"观蝶"迁徙和观鸟一样，成为一种活动

蝴蝶的生态功能

生态环境"指示灯"

　　蝴蝶属于变温动物，对气候变化敏感，对环境要求较高，是最重要的"环境指示生物"之一，其种类和数量反映了生态系统的情况。

　　许多蝴蝶种类只吃一种或者少数几种植物，一旦这些植物减少或消失，该种类蝴蝶也会消失。因此，研究蝴蝶种群数量对了解当地植被情况变化大有帮助。

　　蝴蝶比鸟类、两栖动物对环境的敏感性更高，许多蝴蝶种类对污染较为敏感，生态环境和宿主植物受到污染后，其往往很难存活下去，可作为环境质量的指示物种。

　　通过监测和分析蝶类种群组成、结构、多样性及其动态、趋势等，可以科学地反映气候变化对生态系统产生的作用，并可以预警极端天气。

植物的"授粉专家"

　　蝴蝶是昆虫演进中最后一类生物，从白垩纪起，就随着作为食物的显花植物而演进，并为之授粉。

　　显花植物是靠种子繁殖的植物的统称，又称种子植物。植物成熟的花粉粒传到同一朵花的柱头上，并能正常地受精结实的过程称自花传粉——受精概率大，但不利于维持后代的生命力。

波翅红眼蝶

巴黎翠凤蝶

苔娜黛眼蝶

玉斑凤蝶

钩翅眼蛱蝶

红襟粉蝶

燕凤蝶

菜粉蝶

波利西娜凤蝶

大帛绢蝶

如果一株植物的花粉粒传送到另一株植物花的柱头上，称为异花传粉——在自然界更普遍。

以昆虫为媒介进行传粉的过程称虫媒传粉。多数显花植物是依靠昆虫传粉的，常见的传粉昆虫有蜂类、蝶类、蛾类、蝇类等。蝴蝶喜欢在花丛中飞来飞去，因为鲜花中有它嗜食的花蜜。有些蝴蝶种类不仅吸食花蜜，而且嗜食某些特定植物的花蜜，即有固定的蜜源植物。在吸食花蜜时，蝴蝶身上沾满了花粉，它飞到另一朵花上时，将花粉传递到花上，如果恰好有同一种花的雄性花粉落到雌性花的柱头上则完成受精过程。

维护生态平衡

蝴蝶是食物链中的重要一环，其幼虫既取食植物又为其他昆虫、鸟类和两栖类动物等提供了食物，维持了自然界的生态平衡。

蝴蝶的观赏价值

蝴蝶标本

蝴蝶标本是用大自然中的真实蝴蝶制作而成，用于观赏、收藏和研究。

制作蝴蝶标本主要有软化死蝴蝶、插针、展翅整姿、脱水干燥、整形、命名、标本盒上贴标签等工序，然后将标本盒置于通风干燥处保存。

但标本的制作需要采蝶者具备专业水平，否则采集质量差，利用价值不高，反而使这些蝴蝶白白丧命。

注意：禁止捕捉《濒临绝种野生动植物国际贸易公约》（简称CITES公约）附录Ⅱ保护物种名录中的蝴蝶，以及较为珍稀的蝴蝶，以免造成蝴蝶资源枯竭。

蝴蝶园

蝴蝶园是一种可创造经济效益的生态观光度假景点。

昆明世界蝴蝶生态园是集旅游、观光、度假、休闲、娱乐、科普教育为一体的大型生态观光园，也是世界最大的蝴蝶生态公园。

海南五指山蝴蝶生态牧场的热带雨林为蝴蝶的栖息、生长和繁殖提供了有利的条件，那里生活着600多种蝴蝶，占全国蝶种的50%，其中70%为观赏性蝴蝶，具有体大、艳丽、怪异等特点。

蝴蝶的害处

蝴蝶是种"好坏参半"的昆虫，其在幼虫期是害虫，因为它啃食植物；在成虫期是益虫，因为它通过飞行给植物传授花粉。

在幼虫阶段，蚜灰蝶幼虫专以蚜虫为食，在蝶类中是不多见的有益种类之一。以肉为食，在蝴蝶中也非常罕见。

多数蝶类幼虫是有害的，如菜粉蝶，其幼虫又名菜青虫，是我国分布最普遍、危害最严重、经常成灾的害虫，已知宿主植物有9科35种，嗜食甘蓝、花椰菜、白菜、萝卜等十字花科植物，也取食菊科、白花菜科、金莲花科、百合科、紫草科、木犀科等植物。

帝网蛱蝶

果园美凤蝶

金凤蝶

黑框蓝闪蝶幼虫

金裳凤蝶幼虫

欧洲粉蝶幼虫

问号蛱蝶

认识蝴蝶

蝴蝶

节肢动物门、昆虫纲、鳞翅目、锤角亚目动物的统称。体形大多在5~100mm，身体分为头、胸、腹；两对翅；三对足。

口器
虹吸式，中空，细长，前端卷起放在颚下，采食时伸展，通过前端吸食花蜜、汁液等

翅缘
多数呈波浪、锯齿或平滑状

东方虎凤蝶

腹部
腹部瘦长，被扁平的鳞状毛

尾突
许多种类的后翅脉延伸为尾突，尤其是凤蝶科，有些尾突甚为修长

翅膀
翅相对身体显得宽大，利用气流向前飞行，停歇时有时翅竖立于背上；多彩的翅膀不仅具有观赏价值，也用来隐藏、伪装和吸引配偶；被扁平的鳞状毛

触角

一对，细长，棒形，末端豆点状；可以分辨气味，还能保持身体平衡，有的还具听觉作用

复眼

两只，每只由很多小的单眼组成；有5种视锥细胞，对光敏感

多尾凤蝶

斑纹与鳞片

斑纹是长期自然选择形成，有的是保护色，有的是警戒色，有的吸引异性，有的恐吓天敌；鳞片使蝴蝶艳丽无比，还像一件雨衣，因含有丰富的脂肪，能保护蝴蝶，下雨也能飞行

台湾帅蛱蝶

雌雄异态

蝴蝶拥有截然不同的性别二态性，即同一种类的蝴蝶的雄性和雌性在大小和颜色上有很大不同；通常，雄蝶比雌蝶数量多很多，几十只甚至几百只雄蝶才有一只雌蝶；但蝴蝶也会发生雌雄同体现象，即在一只蝴蝶身上同时出现了雌雄两种性别特征，这种个体称为雌雄嵌体，俗名"阴阳蝶"

三对足

步行足，纤细；有些蝴蝶种类，如蛱蝶科，一对前足退化，俗称"四足蝶"；采花觅食时足部会沾染花粉，有利于帮助植物授粉

蝴蝶的分类

全球有记录的蝴蝶大约有14000种，周尧教授主编的《中国蝶类志》中记载了中国蝴蝶有369属、1222种、1851亚种。以下列举了数量较多的蝴蝶种类。

凤蝶科（Papilionidae）

昆虫纲鳞翅目的中到大型美丽蝶种，以黑、黄、白色为基调，斑纹艳丽或具金属光泽。许多种类后翅有修长尾突。

巴黎翠凤蝶

艺神袖蝶

袖蝶科（Heliconiidae）

鳞翅目锤角亚目中到大型长翅蝶，翅膀狭窄，触角较长，腹部细长。体内含有毒素，又称毒蝶。

钩粉蝶

粉蝶科（Pieridae）

分布广泛，已知1200多种，3个亚科。体形中型或小型，色彩较素淡，一般为白、黄和橙色，常有黑色或红色斑纹。

君主斑蝶

斑蝶科（Danaidae）

鳞翅目蝶种，中型至大型，头大，复眼裸出，前足皆退化，常以黑、白色为基调，饰有斑纹，部分具有金属光泽。体有恶臭，鸟不捕食。

玛毛眼蝶

眼蝶科（Satyridae）

鳞翅目蝶种，小型至中型，常以灰褐、黑褐色为基调，饰有黑、白色斑纹，翅上有醒目的外横列眼状斑或圆斑。

蛱蝶科（Nymphalidae）

鳞翅目下蝶种，蝶类中最大的一科，全世界有3400多种。小型至中型，少数为大型种。色彩丰富，形态各异，花纹极为复杂。

佳丽尾蛱蝶

福布绢蝶

绢蝶科（Parnassiidae）

鳞翅目，产于高山，耐寒，蝶翅半透明近圆形，多数中型，白色或蜡黄色。

灰蝶科（Lycaenidae）

鳞翅目下蝶种，小型，翅膀两面花纹常不同，同种不同性别亦有不同颜色。

宽白带琉璃小灰蝶

兴族闪蝶

闪蝶科（Morphidae）

鳞翅目锤角亚目，小型至大型，多具金属光泽，翅反面有眼斑。

弄蝶科（Hesperiidae）

体形小型至中型，身材粗短，密布鳞毛，触角呈棍棒状。

银弄蝶

蚬蝶科（Riodinidae）

鳞翅目，小型，头小，触角细长，多数无尾状突起，少数有尾突。

银纹尾蚬蝶

喙蝶科（Libytheidae）

地球上最早出现的蝶种，中小型，头小，触角较短呈锤状。翅色暗，有色斑。

珍蝶科（Acraeidae）

中小型，翅膀呈褐色或红色，饰有斑纹。

斑珍蝶

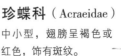
朴喙蝶

蝴蝶的生活史

蝴蝶是完全变态昆虫，它的一生要经历卵期、幼虫期、蛹期、成虫期，才能完成一世代的生活史。蝴蝶完成一个世代所需时间不一，例如菜粉蝶仅需二十多天，东北亚绢蝶却需要近三年。一年之间，世代数的多少因蝴蝶种类而不同，例如中华虎凤蝶一年发生一世代，菜粉蝶一年却可以发生多达十世代。即使同一蝶种在同一地区，由于气候变化等因素，发生世代数也会变化。

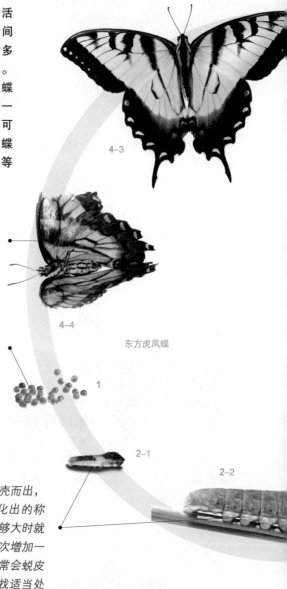

4-3

雌蝶一生会产卵数十至数百粒，产卵后成虫即逐步走向生命的尽头

4-4

东方虎凤蝶

1. 卵期（胚胎期）

卵通常产在幼虫可食的叶片上或植物附近；卵形因蝶种而不同，表面有卵壳，颜色初生时有白、绿、橙等各色，经一段时间会变色；卵粒或聚或散

1

2. 幼虫期

受精卵内胚胎发育成熟，会破卵壳而出，吃掉卵壳，然后吃植物；刚孵化出的称"初龄幼虫"，身上有毛，长得够大时就停止进食，休眠蜕皮，每蜕皮一次增加一龄，身体渐大，体表毛渐蜕，通常会蜕皮5~6次，变成"终龄幼虫"，寻找适当处吐丝作蛹

2-1

2-2

4. 成虫期

成虫在蛹内发育成熟后，就会破蛹壳而出，这个过程称为
羽化；通常，雄蝶比雌蝶早羽化；雌、雄蝶会一起翩翩起
舞，觅食，互相追逐，交尾，然后
雌蝶会寻找宿主植物产卵，繁衍
后代，周而复始地开始世代繁殖

并非所有卵都有机会从幼虫变成美
丽的成虫，绝大部分会中途夭亡，
真正能活下来繁衍后代的恐怕最多
也就十之一二，这是自然选择平衡
的一种方式

4-2

蝴蝶的羽化过程可观察但不宜碰
触，刚破茧而出的蝶翅柔软皱缩，
静待几十分钟后，可展开变硬，这
一过程俗称"晾翅"，再过一两个
小时便可四处飞舞；人工帮助蝴蝶
"破壳"，容易致死或翅膀皱缩伸
展不开

4-1

3. 蛹期（静止变化期）

终龄老熟幼虫一般选宿主植物或其他物体吐
丝蜕皮作蛹。

蛹的形态、色彩多变，以圆筒形、纺锤形居
多，呈囊状，无足，不会移动和进食。

蛹外表静止不动，实际上内部正在发生巨大
的变化——细胞再行发育和重建，准备形成
成虫的翅、腿、触角等，为化蝶作准备

3

红襟粉蝶

红襟粉蝶的生活史

雌蝶在十字花科植物的花头上产卵，卵初始呈白色，几日后变成鲜橙色，孵化前变成深色。幼虫呈绿色或白色，于初夏成蛹，翌年春天破蛹而出。

幻紫斑蝶的生活史

该蝶喜产卵于夹竹桃和小叶榕的叶面上，散产。

初孵幼虫先取食卵壳，再取食夹竹桃或小叶榕嫩叶，有时取食邻处的卵。蛹在羽化前变为淡黑色，半个小时内可以羽出。成虫羽出后1~2个小时展翅完全，活动能力变强。

以成虫越冬。每年6~8个世代。

幻紫斑蝶

果园美凤蝶的生活史

卵近球形，淡黄色，光滑具珍珠光泽。

幼虫5龄，1~4龄呈鸟粪状。1龄幼虫暗褐色至黄褐色，多棘毛；2~4龄幼虫棘毛消失，余下凸起不高的疣；5龄幼虫体表光滑，黄绿色。蛹为缢蛹，前端分叉，尖长。

果园美凤蝶

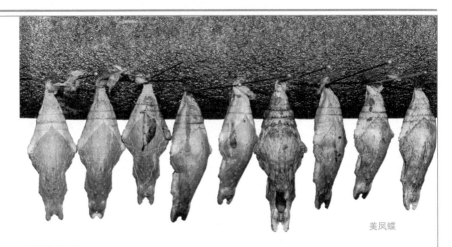

美凤蝶

美凤蝶的蛹

蛹头前面有1对突起，第3腹节的后缘及第4腹节的前缘向两侧突出。绿色型蛹的背面有宽大的菱形黄绿色斑纹，翅面上则有褐色不规则斑纹；褐色型蛹的斑纹似木材的纹理，翅面上的斑纹则似青苔。

金斑蝶的成蛹过程

幼虫呈圆柱体，身体表面黑白相间，背上有黄点，有三对很长的附足，呈黑色触手状；因食马利筋体内积聚毒素，鲜明的体色提醒袭击者少碰触。

宿主多种，有萝藦科、大戟科、锦葵科、禾本科、蔷薇科及玄参科等科的植物。

蛹吊起在植物叶片背面，淡绿色，若是在干旱时节或非自然物件上结蛹，蛹会呈粉红色。

蛹的第7腹节最宽阔，有两行极细小的金黑色珠子，肩膀及翅套上也有细小的金点。

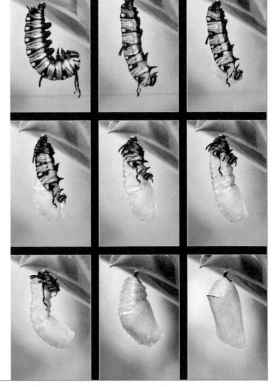

金斑蝶

绢粉蝶

绢粉蝶的羽化过程

幼虫宿主为蔷薇科的山杏、梨、苹果、桃等经济作物，其会在距离宿主植物较远的地方化蛹等待羽化。蛹群集，在同一地点附近有多个。

在羽化之前，蝴蝶的颜色透过蛹壳已朦胧可见。

1 蛹壳从上端破裂，绢粉蝶挣扎露出头部。

2~7 头部越露越多，直至完全挣出实现自由。

3~12 足抱住蛹旁边的攀附物。

7 翅膀也挣出，颇为湿润皱缩。

7 此时会从腹部末端排出蛹期积累的废物，呈流体状。

8~12 足抱住攀附物，静待休息，皱缩的翅膀下垂，绢粉蝶将血液压入翅脉，逐步使翅膀张开——在翅膀变硬之前必须使其较快展开，否则将永远变形——越张越大，直至完全展开且变硬。此时可以爬离蛹壳处，稍事休息便可以翩翩飞翔。

蝴蝶的交配

交配时间

破茧成蝶后不久就开始交配，但蝶种不同，交配时间在一年之中也会不同。在热带地区，全年均可交配；在温带和寒带地区，往往仅在气候温暖时节交配。

逐偶

有些雄蝶会在自己的领地范围内等待路过的雌性翩翩飞来，有些则会在地盘周围积极地盘旋寻找伴侣。

交配

蝴蝶并不"忠贞"。雌蝶会和多个雄蝶交配，雄蝶也会进行多次交配。以菜粉蝶为例，成虫期间，雌蝶不停地交配产卵，因为来交配的雄蝶越多，产卵可选的精子也越多，这样后代的多样性越高，长成大幼虫的机会更大。雌菜粉蝶一生可产卵100~200余粒，多的可达500余粒，卵孵化出菜青虫危害庄稼，在我国东北地区1年发生3~4代，黄淮地区5~6代，长江流域7~9代，广州可发生约12代。

绢粉蝶

宽边黄粉蝶

青斑蝶

锦葵花弄蝶

宽边黄粉蝶羽化后2~3天开始交尾，交尾多发生在14：00~16：00，历时95~150min；雌蝶一生交尾1次，少数2次；卵产于林缘黑荆树中下部向阳的嫩叶上，散产，产卵历期2~3天，每只雌蝶可产卵27~146粒

青斑蝶活跃于树林或空旷的地方，爱在草地上滑翔和吸食蕾香蓟，雄蝶的后翅有黑色性斑

蝴蝶的生活习性

宿主

蝴蝶的宿主多为植物，最常见的有马兜铃科、芸香科、樟科、木兰科、番荔枝科、白花菜科、豆科、大戟科、桑科、萝藦科、榆科、荨麻科、杨柳科、堇菜科、罂粟科、景天科、虎耳草科等科的植物。

喜欢以西番连为宿主

红带袖蝶

钩翅眼蛱蝶

看似一枚枯叶

枯叶蛱蝶

喜欢以爵床科植物为宿主

拟态

拟态是指一种生物在形态、行为等特征上模拟另一种生物，从而使一方或双方受益的现象。

蝶类中的枯叶蛱蝶是世界著名的拟态种类。蛱蝶科透翅蝶产于中美洲的墨西哥和巴拿马地区，它的翅膀薄膜上没有色彩也没有鳞片，呈透明状，可以轻易地"消失"在森林里，不易被察觉。

前翅顶角和后翅臀角向前后延伸，呈叶柄和叶尖形状

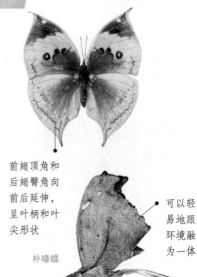

朴喙蝶

可以轻易地跟环境融为一体

警戒色

　　动物界有不少体色鲜艳的有毒动物，鲜艳的体色能对敌人起到一种威慑和警告作用，这就是警戒色。在蝴蝶家族里，也有一些毒蝶具有靓丽的"外衣"，靠着警戒色的保护更好地生存下去。除了警戒色，蝴蝶身上还会有一些警戒的斑纹，例如海伦闪蝶身上就有巨大的眼斑，可以恐吓捕食者。

金斑蝶

橘色为底色，翅末端有黑色及白色斑纹，鲜艳，提醒敌人莫碰、有毒

红带袖蝶

红带袖蝶是著名的毒蝶，翅上红色鲜艳醒目

飞行与觅食

　　蝴蝶翅膀发达，飞翔力强，稍稍扑动就能产生很大浮力，既能鼓动双翅翩翩起舞，又能作长途飞行。有些蝴蝶种类可以作迁徙飞行，距离不等，短则百八十公里，长则可以横渡大洋作"洲际旅行"。

翅上有醒目的眼斑

海伦闪蝶

　　蝴蝶每秒振翅4~10次，飞行振翅频率低，通过空气传播到人类耳中，人类不能感觉到也听不到它们飞行的声音。

　　大部分蝴蝶吸食花蜜，通常某一种类的蝴蝶会爱好吸食特定植物的花蜜，例如，蓝凤蝶嗜吸百合科植物的花蜜，菜粉蝶嗜吸十字花科植物的花蜜，豹蛱蝶嗜吸菊科植物的花蜜等。部分蝴蝶不吸食花蜜，例如，淡紫蛱蝶吸食病栎、杨树的酸浆；还有一部分蝴蝶会吸食葡萄的果肉，甚至有些蝴蝶喜欢吸食粪汁。

贪婪地吸食着花蜜

尖翅灰蝶

弄蝶

阿波罗绢蝶

活动、栖息与寿命

蝴蝶是变温动物，体温高低随着周围环境温度而变化，因此其生命活动直接受外界温度的支配，温度低了它们就停止活动。

通常，蝴蝶最活跃的时间是早晨和傍晚，在雨后放晴时，它们常集群起飞，倾巢而出，其他时间特别是晚上一般不会飞翔。

蝴蝶幼虫通常栖息在比较隐蔽之处，以便躲避敌人的袭击，使自己生存下来并成蛹化蝶。

成虫多栖息在宿主植物茂盛处，距离水源较近，所以常可看到蝴蝶停在潮湿的地上吸水——在烈日当空的炎夏，蝴蝶常成群聚集在路洼和溪边吸水。它们尤喜稍含咸味的水。

蝴蝶寿命因种类而不同，有的品种可活十多个月，有的只能活3~5天，寿命长短与品种及气温高低都有关系。

躲在叶片下休息

蛇眼蝶

休息时张开翅膀，这与许多蝴蝶不同

斑貉灰蝶

在蓝色矢车菊的花茎上小憩一下

喜欢停驻在路边水洼处和溪边

大网蛱蝶

忘忧尾蛱蝶

034

小知识：如何区分蝴蝶与蛾?

　　蝴蝶与蛾都是完全变态昆虫，幼虫多为植食性，很多是农业害虫；成虫有六对足、虹吸式口器，体表及翅上都被有鳞片。那么，如何正确地区分它们呢?

蛹：蝶的蛹赤裸，无茧；蛾的蛹有茧，可以提取丝

触角：蝴蝶头部有一对棒状或锤状触角；蛾的触角形状多样，多数蛾类触角顶端呈针尖样弯曲或整个触角呈羽毛状

紫闪蛱蝶

红天蛾

翅膀：蝶类翅膀正面的鳞粉色泽亮丽，翅表面不被绒毛，仅少数蛱蝶科的蝶类后翅根部被有较明显的绒毛；蛾类翅膀上绒毛较多

躯干：蝶类上被毛稀疏；蛾类躯干部被毛一般都很浓密

小豆长喙天蛾

活动：蝶类的活动时间严格限定在白天；蛾类则不分昼夜地飞

颜色：蝶类色彩鲜艳；蛾类大多数都是棕色或者黑色，很少有蛾的颜色与蝴蝶一样鲜艳

憩息：蝶类多采取四翅合拢竖立于背上休息的方式；蛾类多数将四翅平铺休息

椴天蛾

绿带燕凤蝶

PART 1
040~097页

凤
蝶

裳凤蝶　　　凤蝶科，裳凤蝶属　|　学名：*Troides helena* L.

裳凤蝶

赏蝶季节：春、夏、秋季，3~4月和9~10月较常见
赏蝶环境：低海拔山区

　　裳凤蝶飞行时姿态优美，黑色前翅具有黑天鹅绒般的光泽，稳健庄重；金黄色后翅在阳光照射下金光闪闪，在逆光下会变幻出珍珠般光彩，像披着一件镶金衣裳，华贵美丽；腹部黄黑相间，更显典雅气质，所以又有"金童""黛女""金风筝"之称。

形态　裳凤蝶是大型凤蝶，雌蝶体形大于雄蝶，雌蝶的前翅是黑色或褐色，前翅翅脉周围有灰白色鳞片，异常明显，后翅呈金黄色，翅边有一列黑色的三角形斑纹；雄蝶的前翅为黑色，略透，翅脉的灰白色鳞片更加清晰，后翅呈金黄色，翅边有黑色的斑点，其正面的内缘有褶皱，内有发香的毛簇（性标），并有长毛。

触须、头部和胸部均为黑色

习性　**飞行**：速度较缓慢，且喜欢滑翔飞行。
　　宿主：幼虫的宿主多为马兜铃科植物。**食物**：成虫喜访花，喜食花粉、花蜜、植物汁液等。**栖境**：生活在低海拔山区，常于晨间与黄昏时飞至野花处吸蜜。**繁殖**：卵生，经历卵—幼虫—蛹—成虫四个阶段，一年可发生多代，一次大约产卵5~20颗，其将卵产在马兜铃科植物的新芽、嫩叶的背腹两面或叶柄与嫩枝上；幼虫取食马兜铃科的尖叶马兜铃、蜂巢马兜铃、印度马兜铃、大叶马兜铃、蕨兜铃等的叶片。

胸部侧面长有红色绒毛

腹部为浅棕色或黄色

别名：不详　|　英文名：Common birdwing　|　翅展：100~150mm　|　保护级别：Ⅱ类

分布：尼泊尔、印度、孟加拉国、缅甸和中国海南、香港、广东、云南、广西

金裳凤蝶　　凤蝶科，裳凤蝶属 | 学名：*Troides aeacus* Felder

金裳凤蝶

赏蝶季节：春、夏、秋季，3~4月和9~10月较常见
赏蝶环境：低海拔的平原及丘陵地带

金裳凤蝶比裳凤蝶更加灿烂耀眼，后翅的斑纹在阳光照射下金光灿灿，华贵美丽。

形态 金裳凤蝶属于大型凤蝶，雌蝶的体形大于雄蝶，雌蝶前翅呈黑色或褐色，翅脉周围有灰白色鳞片，异常明显，后翅呈金黄色，翅边有一列黑色的三角形斑纹，里面是一列黑色的三角形斑点；雄蝶前翅呈黑色或褐色，翅脉周围有灰白色鳞片，后翅呈金黄色，翅边有黑色的斑点，从侧后方可以观察到其后翅上有荧光，其正面的内缘有褶皱，内有发香的毛簇（性标），并长有长毛。金裳凤蝶的触须、头部和胸部均为黑色，胸部侧面长有红色的绒毛，腹部为浅棕色或黄色。

雌蝶展翅后，后翅上有5个金黄色的"A"字

习性 **飞行**：速度缓慢，喜欢滑翔，但飞行力强，有时会连续飞行数小时不休息。**宿主**：幼虫宿主多为马兜铃科植物。**食物**：成虫喜访花，食花粉、花蜜、植物汁液等。**栖境**：生活在低海拔平原及丘陵地带，常于热带森林高空或丘陵上空盘旋。**繁殖**：卵生，经历卵—幼虫—蛹—成虫四个阶段，一年可发生多代，一次产卵5~20颗；幼虫取食马兜铃科植物的叶片。

寿命约30天，比普通蝴蝶长

雌蝶将卵产在马兜铃科植物的新芽、嫩叶的背腹两面或叶柄与嫩枝上

宿主植物有尖叶马兜铃、蜂巢马兜铃、印度马兜铃、大叶马兜铃、蕨兜铃等

别名：金翼凤蝶、金乌蝶 | 英文名：Golden birdwing | 翅展：100~150mm | 保护级别：Ⅱ类

分布：印度尼西亚、缅甸、泰国、印度、尼泊尔等地和中国的南部地区

玉带凤蝶

赏蝶季节：春、夏、秋季，3~10月
赏蝶环境：市区、山麓、林缘

　　传说中梁山伯与祝英台双双幻化成了美丽的蝴蝶，比翼双飞，其实就是指化成了这种玉带凤蝶，所以为了歌颂忠贞的爱情，又将此蝶命名为梁山伯凤蝶。

形态　玉带凤蝶为中大型凤蝶，雌蝶体形大于雄蝶，其色彩和花纹的变化有很多。雄蝶前翅翅边有一列白斑，从内向顶角处呈由大到小的排列顺序，后翅中部有7个横向排列的白斑，翅边有红色或白色的新月形斑纹，有尾突。

习性　**飞行：**善于飞行，飞行速度比较快，且喜欢滑翔。**宿主：**多为木兰科植物和芸香科植物（如柑橘、柚、枳等)。**食物：**成虫喜访花，尤其喜爱马缨丹、龙船花、茉莉等有花植物。**栖境：**植被较多的平原、丘陵地区，特别是柑橘园等芸香科植物较多的地区。**繁殖：**卵生，一年发生3代以上，经历卵—幼虫—蛹—成虫四个阶段。雌蝶产卵于柑橘等植物叶片上，一次产卵一枚，但可产卵多次；卵呈球形，直径约1mm，开始时呈淡黄色或浅橙色，后变成深黄色，然后颜色变深，直到孵化前呈紫黑色；孵化期5~6天；幼虫绿色，有褐色斑纹。

雌蝶后翅的红新月形斑纹较发达

幼虫以桔梗、柑橘、两面针等芸香科植物的叶为食

雄蝶只有一个形态，通体以黑色为主

别名：白带凤蝶、黑凤蝶、缟凤蝶、梁山伯凤蝶　|　**英文名：**Common mormon　|　**翅展：**77~95mm

分布：印度、尼泊尔、缅甸、泰国、马来西亚半岛、日本等地和中国黄河以南地区

玉斑凤蝶

赏蝶季节：春、夏、秋季，3~10月

赏蝶环境：低海拔河谷，林区和农区，柑橘园最多

玉斑凤蝶的明显标志是后翅上的大白斑，左右各三个，紧密排列，像两个背对背打坐的小和尚，静谧安稳。人们将其形容为日本的一休小和尚，为了纪念一休，此蝶又被称为"一休蝶"或"佛蝶"。

翅边有一列红色的新月形斑纹

形态 玉斑凤蝶的头、胸、腹部为黑色，胸部和腹部点缀有浅色的斑点，前翅为全黑色，无斑点，但外半部的颜色稍微浅一些；后翅有三个白色或淡黄色的大斑点，依次紧密排列，最上面的一个斑点形状最小，臀角处的两个红色斑点近似于圆形，外缘呈波浪状，有尾突。

习性 **飞行**：善于飞行，飞行速度比较快，且喜欢滑翔。**宿主**：柑橘、两面针、食茱萸、飞龙掌血等芸香科植物。**食物**：成虫喜访花，喜食花粉、花蜜、植物汁液等，常以马缨丹、臭牡丹和柑橘类植物的花为蜜源，雄蝶会成群吸水。**栖境**：通常栖息在低海拔的河谷地带。**繁殖**：卵生，一年可发生多代，经历卵—幼虫—蛹—成虫四个阶段。卵为淡黄色，球形略扁，底部略凹，表面光滑有弱光泽，直径大约为1.45~1.50mm；幼虫分为5龄，以柑橘、两面针等植物为食。

蛹分为褐色型和绿色型，以蛹越冬

雌蝶会将卵散产于宿主植物的叶面上

别名：白纹凤蝶、黄纹凤蝶、红缘凤蝶、红缘蓝凤蝶 | **英文名**：Red Helen | **翅展**：120mm

分布：缅甸、斯里兰卡、印度尼西亚、泰国和中国广东、海南、云南、台湾、香港等地

巴黎翠凤蝶 ▶ 凤蝶科，凤蝶属 | 学名：*Papilio paris* L.

巴黎翠凤蝶

赏蝶季节： 春、夏季
赏蝶环境： 阔叶林、低海拔林区

巴黎翠凤蝶身上的斑点或斑纹呈翠绿色或翠蓝色，欧洲人喜欢将翠绿色称为"巴黎翠"，故得名；翠绿色斑点嵌在黑色后翅上，就像翠绿宝石镶嵌在黑色的天鹅绒上，华贵异常，所以它又被称为"宝镜凤蝶"。

臀角有一个环形的红色斑点

形态 巴黎翠凤蝶为中型凤蝶，它的体、翅为黑色或黑褐色，上面散布着翠绿色的鳞片，前翅的翅边内侧有一列黄绿色或翠绿色的横带，这条横带并不是连续的，而是被黑色的纹络分割成块状，由前缘向后缘颜色逐渐加深并且逐渐变宽，前缘的横带则几乎消失不见；后翅有翠蓝色或翠绿色的斑点，翅边内侧有一条几乎看不到的淡黄色或黄绿色的斑纹，后翅外缘呈波浪状，有尾突。

习性 **飞行：** 迅速，警惕性比较高而且很少停下来休息，故难以捕捉。**宿主：** 柑橘类、飞龙掌血等芸香科植物。**食物：** 成虫访花，尤其喜爱白色系的花。**栖境：** 阔叶森林中，常在常绿林带的高处活动。**繁殖：** 卵生，1年发生2代或以上，经历卵—幼虫—蛹—成虫四个阶段。卵为淡黄白色，球形，底部略凹，表面光滑有弱光泽，直径1.28~1.30mm；幼虫以柑橘等芸香科植物的叶为食；蛹有绿色和褐色两种类型，身体相当扁平，头顶有一对三角形的突起，以蛹越冬。

后翅的中部靠近翅边的部分有一大块翠蓝色或翠绿色的斑点

别名：琉璃翠凤蝶、巴黎绿凤蝶 | 英文名：Paris peacock | 翅展：95~125mm | 保护级别：Ⅱ类

分布：印度、缅甸、泰国、老挝、越南、马来西亚、印尼等和中国河南、四川、云南、贵州

绿带翠凤蝶

赏蝶季节：春、夏季
赏蝶环境：山间、溪水旁

绿带翠凤蝶幼虫的头部拥有臭腺，当它受到惊吓时，会迅速地扬起头部，翻出一对长长的臭角，臭角会散发出一股浓烈的黄檗树叶的臭味，从而吓退敌人，保护自己。

形态 绿带翠凤蝶的体、翅为黑色或黑褐色，上面满布着金绿色的鳞片，前翅的翅纹内侧有一列翠绿色的横带，几乎看不到，而且这条横带并不是连续的，而是被黑色的纹络分割成块状，而雄绿带翠凤蝶被深棕色的绒毛(性标)分割；后翅的上半部分满布翠蓝色的鳞片，从上部到臀角有一条翠蓝色的横带，非常明显，翅边有6个翠蓝色的半月形斑纹，臀角有一个近似于环形的斑纹，斑纹上镶有红边，后翅外缘呈波浪状，有尾突，并且尾突内有一条蓝色的斑带。

习性 **飞行：**姿态非常优美，常常沿着山溪间的水道飞行。**宿主：**柑橘类、花椒、吴茱萸等芸香科植物。**食物：**成虫喜访花。**栖境：**植被茂盛的山间。**繁殖：**卵生，卵为乳白偏黄绿色，球形，底部略凹，表面光滑并带有微弱光泽，直径1.40~1.46mm；幼虫以柑橘等芸香科植物的叶为食；蛹有绿色和褐色两种类型，体长约为40mm，以蛹越冬。

活动能力非常强，经常飞到离宿主植物很远的地方

翅反面前翅呈浅黑色，没有金绿色的鳞片，翅边有一条灰白色的横带

后翅的翅边有一列红色的半月形斑纹，臀角有一个近似于环形的红色斑纹

别名：深山乌鸦凤蝶 | 英文名：Alpine black swallowtail | 翅展：80~110mm

分布：韩国、日本、朝鲜、俄罗斯和中国黑龙江、吉林、河北、四川、湖北、江西、北京、台湾

绿带翠凤蝶

小天使翠凤蝶

小天使翠凤蝶　　凤蝶科，凤蝶属　｜　学名：*Papilio palinurus* L.

小天使翠凤蝶

赏蝶季节： 春、夏、秋季

赏蝶环境： 原始森林中

　　小天使翠凤蝶的翅上布满墨绿色鳞片，加上中部翠绿色横带，给人典雅感觉。

中部有一列浅绿色或翠绿色横带，被黑色纹络分割成块状

形态　小天使翠凤蝶的头、胸、腹部呈黑褐色或墨绿色，上面散布着墨绿色鳞片。前翅翅面呈黑褐色或墨绿色，上面散布着墨绿色鳞片，中部有较宽横带，且由前缘向后缘逐渐变宽；后翅翅面呈黑褐色或墨绿色，上面散布着墨绿色鳞片，中部有一列浅绿色或翠绿色的横带，这条横带被黑色的脉纹分割成块状，翠绿色横带的外侧有一条黑色的斑带，斑带中部有一列浅绿色或翠绿色的斑点，上面散布着墨绿色鳞片，翅边呈波浪状；有尾突，尾突为黑色。

习性　**飞行：** 较为迅速，且飞行姿态优美，喜欢在阳光下翩翩起舞。**宿主：** 幼虫通常以芸香科植物，例如柑橘等植物为宿主。**食物：** 成虫喜访花，喜食花粉、花蜜、植物汁液等。

触角十分细长，呈钩状

栖境： 通常栖息在亚洲的原始森林中，常见于林缘的空地。**繁殖：** 卵生，经历卵—幼虫—蛹—成虫四个阶段。雌蝶通常将卵散产于宿主植物的叶面上，卵接近于球形，表面光滑；幼虫分为5龄；蛹为缢蛹，以蛹越冬。

翅反面为棕褐色，基部与中部大片区域散布着棕褐色鳞片

别名：不详　｜　英文名：Emerald swallowtail　｜　翅展：80~100mm

分布：缅甸、马来西亚、菲律宾、印度尼西亚的尼亚斯岛

英雄翠凤蝶

赏蝶季节：全年可见
赏蝶环境：热带雨林、城郊热带植物较为繁茂的花园

当初，在英国船队刚刚踏上澳大利亚这片陆地时，突然发现了这种闪烁着耀眼蓝色光芒的蝴蝶，大家看到蝴蝶后非常高兴，立志捉到它。为了捕捉这只蝴蝶，全体船员奋起追赶，一直追到了澳大利亚腹地。所以为了纪念全体船员勇敢的精神，将此蝶命名为"英雄翠凤蝶"。

形态 英雄翠凤蝶前翅的底色为黑色，翅面上大部分区域被蓝色鳞片覆盖，耀眼异常，前翅的背面为深棕色，中间部分有一块浅棕色的三角形图案；后翅的基部与中部为蓝色，其他部分为黑色，后翅外缘呈波浪状，有尾突，尾突为黑色，后翅的背面呈深棕色，外缘的部分有一连串大的棕色斑点。身体的腹部呈深棕色，头部和胸部呈黑色，并带有蓝色鳞片。雌蝶体形稍大于雄蝶，且颜色更深，翅面上的蓝色较暗淡，前翅无鳞毛，背部及后翅上部有少量蓝色鳞片，而雄蝶皆为黑色。

习性 **飞行：**飞行速度较快，且飞行姿态优美，喜欢在阳光下翩翩起舞。**宿主：**吴茱萸。**食物：**成虫喜访花吸蜜，以吴茱萸花为蜜源植物。**栖境：**主要栖息于热带雨林中，然而在城郊热带植物较为繁茂的花园中也可以找到。**繁殖：**卵生，经历卵—幼虫—蛹—成虫四个阶段。雌蝶将卵产于吴茱萸植物的叶上；幼虫以吴茱萸叶为食。

别名：天堂凤蝶、英雄翠凤蝶、蓝帝凤蝶　| **英文名：**Ulysses butterfly　| **翅展：**120~140mm

分布：澳大利亚、印度尼西亚、巴布亚新几内亚、所罗门群岛等地

果园美凤蝶

赏蝶季节：春、夏、秋季
赏蝶环境：林缘的开阔地带

果园美凤蝶翅面上的斑纹颜色鲜艳，且飞行姿态优美，显得美丽无比、华贵异常，又因为其常常出现在果园中，故得其名。

雌蝶色彩更丰富美丽

形态 果园美凤蝶的头、胸、腹部为黑色，胸部长有深褐色绒毛。雄蝶前翅翅面为黑色或深棕褐色，上面散布着深褐色鳞片，端部亚外缘处有一列白色或乳白色斑点，形状、大小不一；后翅基部为棕褐色或咖啡色，中部有一条白色或乳白色斑带，较宽，形状不规则，外缘为一列黑色斑带，前、后翅边呈微波形，波谷处有白色斑纹，无尾突。雌蝶前翅为黑色，中室内有一个白色斑点，中部与端部为灰白色，翅脉为黑色，翅脉两侧有灰白色绒毛；后翅中部有一条白色斑带，外缘与亚外缘有2列橘红色或橘黄色半月形斑纹，臀角处有一个红色斑点，臀角外侧有蓝色斑纹。

触角又细又长，呈棒状，顶端为黑色

习性 **飞行**：姿态优美，喜欢在阳光下翩翩起舞。**宿主**：幼虫通常以芸香科植物如柑橘等为宿主。**食物**：成虫喜访花，食花粉、花蜜、植物汁液等。**栖境**：林缘开阔地带。**繁殖**：卵生，经历卵—幼虫—蛹—成虫四个阶段。卵为单产，乳白色、球形，表面光滑，直径约0.5mm，卵期约1周；幼虫5龄，以芸香科植物如柑橘、黄皮、花椒、小芸木等为食物，初龄幼虫为褐色，上面有白色斑块，老龄幼虫为绿色，上面有白色、黄色或褐色斑纹；蛹为灰色、绿色或棕色，为悬蛹，以蛹越冬，蛹期约为6个月。

别名：不详 | 英文名：Orchard swallowtail Butterfly | 翅展：120~140mm

● 分布：中国的广东、台湾、香港等地

达摩凤蝶　　凤蝶科，凤蝶属 | 学名：*Papilio demoleus* L.

达摩凤蝶

赏蝶季节：全年可见

赏蝶环境：草原、灌丛

　　达摩凤蝶花纹绚丽、色彩缤纷、舞姿动人，给人以美的享受。除常在油画、硬币、邮票、摄影作品、纺织品等艺术作品以及诗歌等文学作品中出现外，其标本还被用来制作成各种工艺品。

蛹期约14天，以蛹越冬

蛹有绿色和褐色两种

外缘及亚外缘有许多斑点，形状不规则，大小不同

形态 达摩凤蝶通体黑色或黑棕色，前、后翅散布较多黄白色或棕黄色斑纹。前翅内部有许多细碎的小黄点，组成了许多条细的横纹；后翅内部排有一列大斑，它们相连成一条宽横带，横带内侧呈弧形，外侧凹凸不齐，后翅外缘及亚外缘部分有斑点，中部有蓝色瞳斑，臀角的蓝斑带有红色，无尾突。

害虫和入侵物种，被称为"死亡之蝶"

习性 **飞行：**迅速，喜欢潮湿，常在水边和池塘附近活动。**宿主：**柑橘等植物。**食物：**成虫喜访花。**栖境：**草原、灌丛等。**繁殖：**卵生，一年发生多代，经历卵—幼虫—蛹—成虫四个阶段。卵为黄色，球形，直径约1.1mm；幼虫喜食柚、柑橘、橙等；蛹体长约34mm；卵期3~6天，幼虫期14~21天。

前翅的反面有放射状条纹，亚顶角内侧有3~4枚黄褐色斑点

后翅的反面基部多了3枚淡黄色的斑点，中区的斑点呈杏黄色，比其他部分的斑点大而且清楚

别名：达摩翠凤蝶、无尾凤蝶、花凤蝶 | 英文名：Lime butterfly | 翅展：80~100mm

分布：澳大利亚和东南亚、南亚等地，以及中国湖北、浙江、云南、贵州、四川、海南、广东、福建、台湾

非洲达摩凤蝶

赏蝶季节: 春、夏、秋季

赏蝶环境: 热带非洲地区

非洲达摩凤蝶是害虫和入侵物种, 它和另一类似的物种达摩凤蝶一起被称为"死亡之蝶"。

达摩凤蝶在非洲的近缘品种, 体形较达摩凤蝶大

形态 非洲达摩凤蝶属大型凤蝶, 通体为黑色或黑棕色, 前、后翅均散布较多斑纹, 斑纹颜色为黄白色或棕黄色。前翅内部有许多细碎小黄点, 组成许多条细的横纹, 外缘及亚外缘排列许多斑点, 这些斑点形状不规则, 大小不同; 后翅内部排有一列大斑, 这些大斑相连成一条宽横带, 横带的内侧呈弧形, 外侧则凹凸不齐, 后翅外缘及亚外缘部分有斑点, 中部有蓝色的瞳斑, 臀角的蓝斑带有红色, 颜色较达摩凤蝶暗淡, 无尾突。

习性 **飞行**: 飞行较为迅速, 且喜欢滑翔飞行。**宿主**: 柑橘属的植物。**食物**: 成虫喜访花吸蜜。**栖境**: 常生活在热带非洲地区和马达加斯加。**繁殖**: 卵生, 经历卵—幼虫—蛹—成虫四个阶段。雌蝶在柑橘属的叶子上产卵, 产卵后6天即孵化出幼虫; 幼虫取食芸香科柑橘属植物和豆科植物, 初生的幼虫并未达到成熟的状态, 通体呈黑色、黄色及白色, 这种颜色模仿鸟类的粪便, 是一种十分有效的伪装; 幼虫长到10~15mm即达到成熟的形态, 成熟的幼虫呈绿色, 有白色或粉红色的斑纹, 成熟的幼虫可长达45mm; 幼虫将自己挂在树枝上, 织成蛹, 2~3星期后幼虫就会破蛹而出变为成虫。

雌蝶的体形较雄蝶大

别名: 不详 | 英文名: Citrus swallowtail | 翅展: 100~150mm

● 分布: 撒哈拉以南的非洲以及马达加斯加

北美黑凤蝶

赏蝶季节： 春、夏、秋季，4~9月
赏蝶环境： 平地至中海拔的山区

北美黑凤蝶只分布于北美地区，其翅面基本全部为黑色，半透明，如一层黑纱般光滑柔亮，故得其名。

触角细长，呈钩状

后翅臀角处有一个橘红色或橙红色弦月形的斑纹

形态 北美黑凤蝶的头、胸、腹部为黑色，翅膀表面几乎全部呈黑色，前翅颜色较浅、略透，翅边有一列白色斑纹，排列均匀；后翅颜色较深，翅边有一列黄色或黄白色斑纹，亚外缘有一列淡蓝色斑纹，排列整齐。雌蝶与雄蝶的差异明显，雄蝶后翅翅边有一条白色条状横斑，雌蝶没有或很淡，且雌蝶翅膀颜色较淡，为黑褐色或褐色；雄蝶后翅腹面部分具有橙红色弦月形斑纹，雌蝶的斑纹较雄蝶发达。

习性 **飞行：** 姿态优美，喜欢在阳光下翩翩起舞。**宿主：** 幼虫通常以樟科和芸香科植物等为宿主。**食物：** 成虫喜访花，食花粉、花蜜、植物汁液等，且雄蝶会在溪边湿地吸收水分。**栖境：** 平地至中海拔的山区，包括田野、公园、沼泽或沙漠等开阔地带。**繁殖：** 卵生，经历卵—幼虫—蛹—成虫四个阶段。卵淡黄色，卵期4~9天；幼虫5龄，常以蜜柑和柑橘等植物为食物，初龄幼虫颜色为白色和黑色相间，老龄幼虫为绿色，身上有黑色横带和黄色斑点，幼虫期10~30天；蛹有2种类型，绿色型和褐色型，蛹期约18天。

雌蝶通常将卵产在宿主植物的叶面上或花上

腹部有黄色的斑点

别名：不详 | 英文名：Black swallowtail | 翅展：80~120mm

● 分布：美国北部的大部分地区

碧凤蝶

赏蝶季节：*春、夏、秋季，3~10月*
赏蝶环境：*林缘开阔地*

碧凤蝶的体翅皆为黑色，翅面上的斑纹异常明显，身形优美，在阳光的照射下，会发出蓝色或绿色的光芒，给人以美的享受。

前翅翅脉间散布有金黄色、金蓝色或金绿色的鳞片

形态 碧凤蝶的体翅为黑色，前翅呈三角形，外半部颜色较淡，为黑褐色或棕色，使得翅脉十分明显；后翅亚外缘排列有6个粉红色或蓝色的半月形斑纹，臀角有一个近似于环形的粉红色斑纹，后翅外缘呈波浪状，有尾突。

后翅中间部分有一大片蓝色的鳞片，蓝色鳞片使得斑纹非常明显

习性 **飞行**：较迅速，路线不规则，常于林缘开阔地活动。**宿主**：芸香科的柑橘属、黄檗属、光叶花椒、食茱萸、贼仔树等植物。**食物**：雌蝶喜欢访花吸蜜，雄蝶爱吸水。**栖境**：林缘开阔地。
繁殖：卵生，一年可发生多代，经历卵—幼虫—蛹—成虫四个阶段。卵开始时为淡黄色或黄白色，后呈灰色，球形，表面光滑，单产于宿主植物的叶背面，直径1.35~1.41mm；幼虫5龄，以芸香科植物贼仔树、食茱萸、飞龙掌血和柑橘、花椒、黄檗等植物为食；蛹有褐色及绿色。

雌蝶的后翅外缘的粉红色半月形斑纹颜色较深，较雄蝶稍微发达一些

别名：乌鸦凤蝶、中华翠凤蝶 | 英文名：Oriental black swallowtail | 翅展：90~135mm

分布：日本、朝鲜、越南、印度和缅甸以及中国的广州、云南、昆明等地

蓝凤蝶 　　●　　凤蝶科，凤蝶属 ｜ 学名：*Papilio protenor Cramer*

蓝凤蝶

赏蝶季节：春、夏、秋季，3~10月

赏蝶环境：林缘开阔地

　　蓝凤蝶的身形优美，且翅面上带有亮蓝色的天鹅绒般的光泽，显得十分雍容华贵，故称之为蓝凤蝶。

形态 蓝凤蝶的头、胸、腹部呈黑色，上面长有黑色或黑灰色绒毛，翅面也为黑色，带有亮蓝色天鹅绒般光泽。前翅颜色较浅，为灰黑色，基部颜色较深，近黑色，翅脉黑色，十分明显，翅脉两侧长有灰白色鳞片，使前翅颜色看起来浅一些。雄蝶后翅前缘有一个黄白色斑纹，这个黄白色的斑纹是雌、雄两蝶最明显的区别，臀角处有一个黑色的斑点，外围是红色的；后翅反面外缘有几个半月形的红色斑点，臀角处还有3个红色斑点。而雌蝶的后翅臀角处有1个黑色斑点，外围是红色的，并且有1个半月形的红色斑点。

习性 **飞行**：较迅速，路线不规则，常于林缘开阔地活动。**宿主**：芸香科的花椒类、柑橘类等植物。**食物**：雌蝶喜欢访花吸蜜，而雄蝶喜欢于溪间吸水。**栖境**：农林、溪谷、灌丛及林缘开阔地。**繁殖**：卵生，一年可发生多代，经历卵—幼虫—蛹—成虫四个阶段；卵淡黄色或黄白色，底部略凹，为扁球形；幼虫5龄，身体为绿色，上面有棕色斑纹；蛹为绿色。

雌蝶后翅的反面斑纹与雄蝶反面的斑纹大致相同，只是中间散布大面积的蓝灰色鳞粉，这也是雌、雄两蝶的明显区别

别名：黑凤蝶、无尾蓝凤蝶、黑扬羽蝶 ｜ **英文名**：Spangle ｜ **翅展**：95~120mm

●　**分布**：日本、朝鲜、印度、不丹、缅甸、越南和中国长江以南以及重庆、陕西、河南、山东、西藏

金凤蝶 ▶ 凤蝶科，凤蝶属 | 学名：*Papilio machaon* L.

金凤蝶

赏蝶季节：春、夏、秋季
赏蝶环境：草木茂盛、鲜花盛开的地方

　　金凤蝶的体态优美、华贵异常、颜色艳丽，因此被称为"能飞的花朵""昆虫美术家"等，并且其有很高的观赏价值和药用价值，它的幼虫在藏医药典中被称为"茴香虫"，有理气、止痛和止呃的功能，主治胃痛、小肠疝气等，疗效显著。

形态 金凤蝶是一种大型凤蝶，体翅为金黄色，有光泽，从头部至腹部末端有1条黑色纵纹，雄性的纵纹比雌性宽。前翅底色为黄色，翅脉为黑色，异常明显，排列整齐，端部有2个黑斑，内部颜色较深，为黑黄色；后翅内部颜色较浅，略透，黑色的翅脉较细，亚外缘有1列并不明显的蓝色雾斑，外缘呈波浪状，有尾突。

前翅翅边有一列黑色斑带，内嵌8个黄色半圆形斑点

臀角处有1个橘红色的圆形斑点

习性 **飞行**：喜欢上下飞舞盘旋。**宿主**：茴香等植物。**食物**：成虫喜访花，采食花粉和花蜜。**栖境**：平原、高山中草木茂盛处。**繁殖**：卵生，一年发生两至三代，经历卵—幼虫—蛹—成虫四阶段。卵为圆球形，直径约1.2mm；幼虫5龄，取食茴香和胡萝卜等植物的叶及嫩枝；蛹长33~35mm，以蛹越冬；卵期约7天，幼虫期约35天，蛹期约15天。

腹部有多条黑色的细纵纹

别名：黄凤蝶、茴香凤蝶、胡萝卜凤蝶 | **英文名**：Old world swallowtail | **翅展**：74~95mm

分布：亚洲、欧洲、非洲和北美洲等地以及中国河北、河南、山东、浙江、福建、江西、广西、广东、台湾

西部虎凤蝶

赏蝶季节：春季，2~5月

赏蝶环境：阳光充足的林缘地带

西部虎凤蝶翅面上的斑纹为黑黄相间，犹如虎皮一般，又因其多分布于北美的西部地区，故称之为西部虎凤蝶。

前翅外缘处有一条较宽的黑带，内嵌有一条黄白色斑带

形态 西部虎凤蝶为中型凤蝶，其头、胸、腹部为黑色，上面有淡黄色斑纹。翅面为淡黄色或黄白色，雌蝶的颜色比雄蝶略暗一些，翅脉为黑色，较细；后翅为黄色，中部有一长一短两条黑色条纹，后翅外缘有一条黑带，黑带上嵌有四个弯月形的黄色斑纹，里面有一列蓝色斑点，后翅外缘呈锯齿状，有尾突。

习性 **飞行**：飞行能力不强，但姿态优美，并喜欢在阳光充足处飞行。**宿主**：桦木、红桤木、杨树、柳树等植物。**食物**：成虫喜欢访花，经常寻访沙枣、沙柳、美洲樱桃、梅树、桃花等，以其为蜜源，雄蝶会在溪边湿地吸水。**栖境**：光线较强但湿度不太大的林缘地带，日落前后栖于低洼沼泽地段的枯草丛中。**繁殖**：卵生，一年发生1~3代，经历卵—幼虫—蛹—成虫四个阶段。雌蝶常将卵产于桦木、红桤木、杨树、柳树等植物叶片上；卵为深绿色，球形，有光泽，卵期约4天；幼虫5龄，初龄幼虫像鸟类的粪便，老龄幼虫的身体为明亮的绿色；蛹为绿色。

翅面有三到四条黑色的粗短纹，犹如虎皮，因此得名

臀角处有一个红色的半月形斑纹

别名：虎斑燕尾凤蝶、西部燕尾虎凤蝶 | **英文名**：Western tiger swallowtail | **翅展**：90~120mm

分布：美国西海岸以及加拿大等地

西部虎凤蝶

西部虎凤蝶

美风蝶

东方虎凤蝶

赏蝶季节：春、夏、秋季，5~9月

赏蝶环境：林地、田野、溪流边、路边、花园

东方虎凤蝶翅面上的斑纹为黑黄相间，犹如虎皮一般，又因其多分布于美国的东部地区，故称之为东方虎凤蝶。

形态 东方虎凤蝶为中型凤蝶，翅面为金黄色或黄白色，雌蝶的颜色比雄蝶略暗，翅脉为黑色，较细；后翅为黄色，颜色较前翅浅，中部有一长一短的两条黑色条纹，后翅外缘有一条黑带，黑带上嵌有五个黄色的条形斑纹，黄色斑纹里面有五个蓝色的椭圆形斑纹，两侧各有一个红色的圆形斑纹，并且红色圆形斑纹外部由蓝色鳞片包围，臀角处有一个红色的半月形斑纹，后翅外缘呈锯齿状，有尾突。

习性 **飞行**：姿态优美，喜欢在阳光下翩翩起舞。**宿主**：幼虫通常以木兰科和蔷薇科的植物等为宿主。**食物**：成虫喜访花，食花粉、花蜜、植物汁液等，雄蝶会在溪边湿地吸水。**栖境**：林地、田野、河流、小溪边、路边以及花园等地。**繁殖**：卵生，一年发生2~3个世代，经历卵—幼虫—蛹—成虫四个阶段。雌蝶常将卵单产于宿主植物的叶面上，卵绿色；幼虫5龄，通常以木兰和蔷薇科植物为食，初龄幼虫为棕色和白色，老龄幼虫的身体为绿色，上面有斑点，蛹初始发白，后呈深褐色。

前翅外缘有一条较宽的黑色斑带，内嵌有一排黄白色或白色小斑点，排列整齐

蜜源植物包括夹竹桃科、菊科、豆科等，也以动物粪便和腐肉等为食

翅面有三到四条黑色的粗短纹，犹如虎皮

别名：不详 | 英文名：Eastern tiger swallowtail | 翅展：79~140mm

分布：美国东部

老虎凤蝶 ● | 凤蝶科，凤蝶属 | 学名：*Paoilio thoas Erschoff*

老虎凤蝶

赏蝶季节：春、夏、秋季
赏蝶环境：阳光充足的林缘地带

　　老虎凤蝶翅面上有五条长度不等的黑色粗短纹，犹如虎皮，给人勇猛的感觉，故得名。

形态 老虎凤蝶为中型凤蝶，翅面淡黄色或黄白色，雌蝶的颜色比雄蝶略暗，前翅外缘有一条较宽的黑带，黑带内嵌有一条黄白色的斑带，翅脉为黑色，较细；后翅为黄色，基部为黑色，颜色较深，中部散布有黑色的条纹，后翅外缘有一条黑带，黑带上嵌有四个半月形的黄色斑纹，黄色斑纹里面嵌有一列蓝色的斑点，臀角处有一个红色的弯月形斑纹，颜色鲜艳异常，后翅外缘呈波浪状，有尾突，但尾突较短。

颜色与东方虎凤蝶相近，但花纹不同

习性 飞行：不善飞，喜欢在阳光充足处活动。
宿主：芸香科、樟科、伞形花科及马兜铃科等植物。**食物：**成虫喜欢访花，经常寻访蒲公英，紫花地丁及其他堇菜科植物等，以其为蜜源，也会飞入田间吸食油菜花或蚕豆花蜜。**栖境：**光线较强但湿度不大的林缘地带。**繁殖：**卵生，一年发生1~3代；卵为立式，顶部较圆滑，底部平，近似于圆球形，开始时呈淡绿色，后呈黑褐色，直径0.9~1.0 mm，高0.7~0.8mm，雌蝶将卵成片产于宿主植物的叶片背面，一次产20余枚；幼虫约4月下旬孵出，为黑褐色；蛹体长15~16.5mm，宽7.5~8.3mm，开始时呈浅绿色或浅黄色，后来变为红棕色，最后呈茶褐色。

别名：虎凤蝶 | **英文名：**Puziloi luehdorfia | **翅展：**105~128mm | **保护级别：**Ⅱ类

● 分布：日本和朝鲜半岛以及中国的陕西华山

美凤蝶

赏蝶季节：全年可见，3~11月较常见
赏蝶环境：庭院花丛中

美凤蝶学名中的"memnon"在希腊神话中的意思为埃塞俄比亚国王，用以形容美凤蝶的雍容华贵及王者风范。

形态 美凤蝶雄蝶的体、翅呈黑色，前、后翅基部颜色较深，有黑天鹅绒般光泽，翅脉清晰，呈蓝黑色；翅的反面前翅基部为红色，后翅基部有4个形状各异的红斑；后翅亚外缘区有2列蓝色鳞片组成的环形斑列。雌蝶无尾突型的前翅与雄蝶类似，后翅呈灰白色或白色，以黑色脉纹分割成几个长三角形斑，臀角及附近长有黑斑，后翅外缘呈波浪状；有尾突型前翅与雄蝶类似，后翅中室端部有1枚白斑，翅中区各翅室各有1枚白斑。

习性 **飞行：**雄蝶飞行力强，十分活泼，常在旷野狂飞；雌蝶飞行缓慢，常呈滑翔式飞行；常按固定路线飞行而形成蝶道。**宿主：**芸香科的柑橘类、两面针、食茱萸等植物。**食物：**成虫喜欢访花采蜜。**栖境：**平地至海拔2500m的山区。**繁殖：**卵生，卵为橙黄色，球形，直径约1.7mm，高约1.5mm，雌蝶将卵单产于宿主植物的嫩枝上或叶背面，卵期4~6天，幼虫期21~31天，蛹期12~14天，1年可发生3代以上，以蛹越冬。

美凤蝶为雌、雄异型及雌性多型，雌蝶又分为有尾突型和无尾突型两种

别名：多型凤蝶、多型蓝凤蝶、多型美凤蝶　|　**英文名：**Great mormon　|　**翅展：**105~145mm

分布：日本、印度、缅甸、泰国和中国四川、云南、湖南、湖北、浙江、海南、广东、广西、福建、台湾

红斑美凤蝶 ● | 凤蝶科，凤蝶属 | 学名：*Papilio rumanzovia Eschscholtz*

红斑美凤蝶

赏蝶季节： 全年可见，3~11月较常见

赏蝶环境： 平地至海拔2500m的山区以及
庭院花丛中

红斑美凤蝶身形十分优美，有较高的观
赏价值，2000年国家林业局发布实施《国家保
护的有益的或者有重要经济、科学研究价值的陆生野
生动物名录》，它被列入其中。

形态 红斑美凤蝶为雌、雄异型。雄蝶的翅呈黑色，前翅基部颜
色较深，并带有红色鳞片，其他地方略透；后翅后半部分的每一翅室内各有2条白
色条形斑纹，外缘呈波浪状，臀角处有1条红色弧形斑纹。雌蝶的翅呈黑褐色，前
翅基部呈红色，脉纹两侧呈灰色或灰白色；后翅外缘区及亚外缘区有红色斑点，其
中臀角附近的红斑中嵌有黑色斑点。雌、雄蝶前后翅反面的基部均有红色斑点，后
翅外缘区排有1列大红斑，每一红斑中各有1个黑色斑点，外缘呈钝锯齿状。

习性 飞行：飞行能力强，十分活泼，常在旷野狂飞，而雌蝶飞行缓慢，常呈滑翔
式飞行；常按固定路线飞行而形成蝶道。宿主：常为芸香科的柑橘属植物。食物：
成虫喜欢访花采蜜。栖境：平地至海拔2500m的山区。繁殖：卵生，经历卵—幼虫—
蛹—成虫四个阶段；卵为深黄色，球形，底面略凹，表面光滑并带有弱光泽，直径
约1.97mm，高约1.66mm，卵期4~6天，幼虫期21~31天，蛹期12~14天。

雌、雄蝶均无尾突

别名：不详 | 英文名：Scarlet mormon | 翅展：90~100 mm

● 分布：日本、印度、缅甸、泰国和中国四川、云南、湖南、湖北、浙江、海南、广东、广西、福建、台湾

窄斑翠凤蝶

赏蝶季节： 全年大部分时间可见，4~5月与9~10月较常见
赏蝶环境： 喜马拉雅山脉附近

窄斑翠凤蝶在阳光的照射下，会发出蓝色和绿色的光芒，且身形优美，深得人们的喜爱。

形态 窄斑翠凤蝶是一种大型的凤蝶，雌性窄斑翠凤蝶的体形略大于雄性，两者无明显性别上的区别。其触须、头部、胸部和腹部均为黑色。雌性窄斑翠凤蝶的前翅呈黑绿色或墨绿色，翅脉呈黑色，翅脉两侧带有翠绿色的条纹；后翅呈黑色，前端有蓝色的鳞片，一直向后延伸变成绿色，后翅的亚外缘处镶嵌有4个紫色的环形斑点，后翅的外缘呈波浪状，有尾突。雄性窄斑翠凤蝶的前翅呈黑绿色，颜色较浅，略透，翅脉呈黑色，翅脉的两侧带有绿色的条纹；后翅呈黑绿色，前端有亮蓝色的鳞片，向后延伸变成金黄色，后翅的亚外缘处镶嵌有4个紫色的环形斑点，外缘呈波浪状，有尾突，且尾突上散布有蓝色的鳞片。翅的反面呈黑色，前翅有白色的纹路，后翅有7个紫色的环形斑点。

生活在喜马拉雅山脉附近，一年大部分时间可见，多于晨间、黄昏时飞至野花吸食花蜜

习性 **飞行：** 速度较为缓慢，并且喜欢滑翔飞行，常常在晨间与黄昏的时候飞到野花处吸食花蜜。**宿主：** 主要为芸香科植物。**食物：** 成虫喜欢访花和吸食花蜜。**栖境：** 大部分生活在喜马拉雅山脉附近。**繁殖：** 卵生，一年可发生多代，经历卵—幼虫—蛹—成虫四个阶段。一次大约产卵5~20枚；幼虫分为5龄，喜欢取食芸香科植物，主要是毛刺花椒，也吃柑橘、无腺吴茱萸等植物。

别名： 蓝孔雀凤蝶 | **英文名：** Blue Peacock | **翅展：** 100~120mm

● **分布：** 印度、越南、泰国、缅甸及中国西藏的部分地区，主要是喜马拉雅山脉附近

柑橘凤蝶

赏蝶季节：春、夏、秋季，3~11月
赏蝶环境：空旷地或树木稀疏的树林中，种植柑橘的地方

柑橘凤蝶因其喜食柑橘，对柑橘危害颇大，故得名。

形态 柑橘凤蝶雌蝶的体形略大于雄蝶，但色彩不如雄蝶鲜艳，雌、雄蝶翅上斑纹的形状与排列相似，颜色为黄绿色或黄白色，只不过夏型雄蝶的后翅前缘部分比春型雄蝶多了一个黑斑。此蝶前翅外缘有一条黑带，内嵌有一列新月形白色斑纹，基部有4~5条放射状白色斑纹，中部有一列横向斑纹，排列整齐，从前往后逐渐变长，中后部有一条从翅基伸出的横向斑纹，该斑纹在中部呈角状弯曲，后缘还有一条细横纹；后翅基半部的斑纹被翅脉分割，排列整齐，亚外缘有一列蓝色斑点，但并不明显，外缘部分有一列半月形白色斑纹，后翅外缘呈波浪状，有尾突。

习性 **飞行**：速度较快，中午至黄昏前活动与飞行最盛。**宿主**：柑橘、花椒、吴茱萸、佛手、黄菠萝等。**食物**：成虫喜访花。**栖境**：平地至海拔2500m的山区，空旷地或树木稀疏的树林中。**繁殖**：卵生，一年发生3代以上，卵散产于宿主植物的嫩芽和叶背上。初时卵为黄色，后颜色逐渐加深，变为深黄色直至黑色，近似于球形，直径1.2~1.5mm；幼虫喜食芸香科植物，如柑橘、吴茱萸、花椒等的嫩芽与叶；卵期约7天，幼虫期约21天，蛹期约15天，以蛹越冬。

柑橘凤蝶有春型和夏型两种，春型颜色较淡呈黑褐色，夏型颜色较深呈黑色

臀角处有一环形或半环形的红色斑纹

别名：黄菠萝凤蝶、黄檗凤蝶、橘黑黄凤蝶　|　**英文名**：Citrus swallowtail　|　**翅展**：65~110 mm

分布：朝鲜、日本等地和中国的广大地区

巨燕尾蝶

触角又细又长，呈棒状

赏蝶季节：夏季多见，尤其5~8月

赏蝶环境：落叶林地以及柑橘果园

巨燕尾蝶的尾突较长，如小燕子的尾巴，飞行时一对翅膀会急剧地振动，使气流发生变化，从而产生浮力，而双尾的摆动又使它能很好地掌握平衡。

形态 巨燕尾蝶的头、胸、腹部为黑色，胸部长有深褐色的绒毛，腹部有黄色的斑纹。前翅的翅面为深褐色，翅面上有一条黄色的斑带，从端部一直延伸到后缘的中部；后翅的基部有一条黄色的斑带，中间由深褐色的翅脉隔开，亚外缘处有一列半圆形的斑点，大约有6个，翅边为波浪状，有尾突。

习性 **飞行**：姿态优美，喜欢在阳光下翩翩起舞，雌蝶喜欢缓慢地拍打翅膀，但快速移动，雄蝶拍打翅膀迅速且移动快速，较难捕捉。**宿主**：芸香科植物，如花椒、柑橘等。**食物**：成虫喜访花，食花粉、花蜜、植物汁液等，且雄蝶会在溪边湿地吸水。**栖境**：落叶林地以及柑橘果园等地。**繁殖**：卵生，一年可发生2~3个世代，经历卵—幼虫—蛹—成虫四个阶段。雌蝶通常将卵单产在宿主植物的叶面上，卵为橙色，上面有暗色的斑纹；幼虫分为5龄，其通常以芸香科的植物为食物，如柑橘、美洲花椒、榆橘以及芸香等；蛹期为10~12天左右，以蛹越冬。

斑带约由10个斑点组成，排列整齐、紧密

常见蜜源植物有马缨丹、杜鹃花、肥皂草、忍冬等植物

尾突内有一个黄色斑纹

别名：巨凤蝶 | 英文名：Giant swallowtail | 翅展：100~160mm

分布：美国、加拿大、哥伦比亚、委内瑞拉、墨西哥、牙买加和古巴等地

燕凤蝶

赏蝶季节：春、夏、秋季,2月末3月初至11月

赏蝶环境：开阔的林区，靠近水的地方

　　燕凤蝶是我国最小的凤蝶，有两条修长的尾突，几乎长于其翅展，十分像小燕子的尾巴，故得名。飞行时，它的一对翅膀会急剧地振动，使气流发生变化，从而给它浮力，而双尾的摆动，又使它能够很好地掌握平衡。

形态　燕凤蝶几乎通体呈黑色，头宽，腹短，腹部呈苍白色，翅脉呈黑色，十分清晰；后翅狭长，有修长的尾突，一条灰白色的斑带从前端延伸至尾突，但不到尾突时即消失，臀部有若干分布不规则的白色小圆点，后翅外缘呈微微的波浪状，并镶有白边。雌、雄蝶的唯一区别是雄蝶后翅臀褶内长有白色长毛。翅反面的前、后翅基部呈灰白色，其余与正面相似。

习性　**飞行**：速度很快，较难捕捉，常常贴近地面急速飞行。

在白色斑带与透明部分之间，有一列黑色斑带，从前端延伸至末端，逐渐变窄

宿主：莲叶桐科的青藤、心叶青藤、宽药青藤等植物。**食物**：成虫喜欢访花吸蜜，且常于水面吸水。**栖境**：常栖息在开阔的林区，靠近水的地方。**繁殖**：卵生，一年可发生多代，经历卵—幼虫—蛹—成虫四个阶段。卵呈淡黄绿色，带有光泽，底部略凹，呈扁球形，雌蝶将卵单产在宿主植物的嫩叶背面；幼虫分为5龄；蛹有绿色和褐色两种类型。

前翅中部有一条灰白色的斑带，由前缘伸展至背部，端部透明

别名：燕尾凤蝶、蜻蜓蝶　｜　**英文名**：White dragontail　｜　**翅展**：40~45mm

分布：不丹、缅甸、泰国、菲律宾、马来西亚、印度尼西亚和中国广东、广西、海南、云南、香港

绿带燕凤蝶　凤蝶科，燕凤蝶属　| 学名：*Lamproptera meges* Zinkin

绿带燕凤蝶

赏蝶季节：春、夏、秋季
赏蝶环境：林间沼泽地带，靠近水的地方

绿带燕凤蝶的翅膀美丽，尾突修长，具有较高观赏价值，2000年国家林业局发布实施《国家保护的有益的或者有重要经济、科学研究价值的陆生野生动物名录》，它被列入其中。

前翅中部有一条淡绿色斑带，由前缘伸展至背部，端部有一片三角形透明区域

形态 绿带燕凤蝶几乎通体呈黑色，头宽，腹短，腹部呈苍白色，翅脉呈黑色，十分清晰，基部呈黑色；后翅窄而狭长，有修长的尾突，中部有一条绿色斑带，后翅外缘呈微微的波浪状，并镶有白边。雌蝶和雄蝶相似，唯一区别是雌蝶腹部有一个交配槽。翅反面的前、后翅基部呈灰白色。

习性 **飞行**：速度很快，较难捕捉，常贴近地面急速飞行，如蜻蜓般活动。**宿主**：莲叶桐科的青藤、心叶青藤、宽药青藤等植物。**食物**：成虫访花，但并不停息其上。**栖境**：林间沼泽地带，靠近水的地方。**繁殖**：卵生，一年可发生多代，经历卵—幼虫—蛹—成虫四个阶段；卵呈淡黄绿色或黄白色，半透明，带有光泽，底部略凹，呈扁球形，雌蝶将卵单产在宿主植物的嫩叶背面；幼虫5龄，常以使君子科植物为食；蛹有绿色和褐色两种。

在白色斑带与透明部分之间，有一列黑色斑带

臀部有分布不规则的白色小圆点

别名：绿带燕尾凤蝶、粉绿燕凤蝶　| **英文名**：Green dragontail　| **翅展**：44~47mm

分布：越南、缅甸、泰国、马来西亚和中国广东、广西、海南、云南、四川等地

青凤蝶　●　凤蝶科，青凤蝶属　|　学名：*Graphium sarpedon* L.

青凤蝶

赏蝶季节：*春、夏、秋季，3~10月*

赏蝶环境：*低海拔的开阔地带，靠近水的*
　　　　　地方，庭院、街道及树林空地

　　青凤蝶的翅面上有一条青蓝色或宝蓝色斑带，十分漂亮，深得人们喜爱。

形态 青凤蝶的翅呈黑色或浅黑色，前翅的中部有一列青蓝色或宝蓝色的方斑，前缘的斑点最小，后缘的斑点变窄；后翅的前缘中部到后缘中部有3个依次排

后翅外缘有一列新月形的青蓝色或宝蓝色斑纹

列的斑点，其中靠近前缘的斑点呈白色或淡青白色，外缘呈波浪状，无尾突。翅反面颜色较淡。雌、雄蝶大致相似，唯一的不同在于雄蝶的后翅有内缘褶，其上散布着灰白色发香鳞。

习性 **飞行**：善飞行，速度较快，十分活跃。**宿主**：樟科的潺槁木姜子、小梗黄木姜子、樟树、沉水樟、假肉桂、天竺桂、红楠、香楠、大叶楠、山胡椒等植物。**食物**：成虫喜欢访花吸蜜，常于马缨丹属、醉鱼草属及七叶树属等植物的花上吸花蜜。**栖境**：低海拔的开阔地带，靠近水源处。**繁殖**：卵生，一年可发生多代，世代重叠。卵为乳黄色、球形，底部略凹，表面光滑，并带有强光泽，直径约1.3mm；以蛹越冬。

后翅基部有一条红色短斑纹，中部与后部有若干条红色斑纹

青凤蝶有春型和夏型两种，春型的体形稍小一些，翅面的青蓝色斑带较夏型宽些

別名：樟青凤蝶、蓝带青凤蝶、青带凤蝶　|　英文名：Common bluebottle　|　翅展：70~85 mm

● 分布：日本、尼泊尔、印度、泰国、澳大利亚和中国陕西、四川、西藏、云南、江苏、浙江、海南、台湾

统帅青凤蝶

赏蝶季节：春、夏、秋季

赏蝶环境：林区

翅反面较正面颜色浅，呈棕褐色，斑纹颜色略有不同，较浅

统帅青凤蝶翅面上的斑纹非常匀称，给人一种大气的感觉，统帅即为统领一切，该名十分适合此蝶。

形态 统帅青凤蝶是一种中型凤蝶，体呈黑色，两侧长有淡黄色的毛，翅呈黑褐色，基部颜色较深，端部颜色较浅，呈棕色或棕褐色，前翅基部有一列斑点，依次排列，形成斑带，较窄，这一斑带外侧另有一列斑点，大小形状不一，且不依次排列，中部有8个斑点，一直延伸到端部，逐渐变小，排列整齐，亚外缘有一列与外缘平行的小斑，臀角处有一个斑点错位；后翅内缘有一条纵带，从基部一直倾斜到臀角，另有一条纵带从前缘亚基区一直倾斜到亚臀角，但在中间位置被翅脉割断，中区和亚外缘区各有一列小斑，后翅外缘呈波浪状，有尾突。

习性 **飞行：**速度极快，非常活跃，极少停留。**宿主：**木兰科植物，如洋玉兰、白兰、台湾含笑等，以及番荔枝科植物，如山刺番荔枝、番荔枝、鹰爪花、越南酒饼叶、紫玉盘等。**食物：**成虫喜访花。**栖境：**林区。**繁殖：**卵生，经历卵—幼虫—蛹—成虫四个阶段；卵淡黄色，球形，底部略凹，表面有光泽。

翅膀上布满大大小小的斑纹，呈黄绿色或淡绿色

雄蝶尾突较短

别名：翠斑青凤蝶、短尾青凤蝶、黄蓝凤蝶 | 英文名：Tailed jay | 翅展：70~88mm

木兰青凤蝶

赏蝶季节：春、夏、秋季，4~10月
赏蝶环境：中低海拔山区

木兰青凤蝶与统帅青凤蝶有一定的相似之处，但是其翅面上的斑纹为淡绿色或淡蓝色，给人一种小家碧玉的感觉，非常清新。

翅膀上的斑纹呈淡绿色或淡蓝色

形态 木兰青凤蝶的体与背面呈黑色，腹部呈灰白色。翅呈黑色或浅黑色，前翅有三组斑列，前端与后端的亚外缘区各有1列小斑；后翅前缘的斑纹颜色较浅，为灰白色，基部有2个长斑，一直延伸到臀角，亚外缘区有1列小斑，后翅外缘呈波浪状，波谷处镶有白边，无尾突。

习性 **飞行**：速度较快，路线不定，较难靠近。**宿主**：广玉兰、含笑等。**食物**：幼虫以木兰科植物如白玉兰、含笑花、乌心石等为食；成虫访花，喜食花粉、花蜜、植物汁液，雄蝶会到溪谷湿地边吸水。**栖境**：中低海拔的山区。**繁殖**：卵生，一年可发生多代；卵乳白色，球形，底部略凹，表面光滑并带有弱光泽，雌蝶将卵散产于宿主植物的嫩叶边缘，一般1叶1卵；幼虫5龄，老龄幼虫在宿主植物的老叶背面化蛹；雌蝶在4~10月均有繁殖，末代幼虫于11月下旬化蛹，以蛹越冬。

翅反面呈黑褐色，部分斑纹呈银白色或白色

后翅的中后部分有3~4个红色斑纹

中部有5个粗细不同、长短不一、形状各异的斑纹，依次排列，除第三个斑纹外，从基部到端部逐渐变小

别名：木兰樟凤蝶、木兰凤蝶、帝凤蝶、小青凤蝶 | **英文名**：Common jay | **翅展**：50~75 mm

分布：日本、印度、越南、缅甸、泰国和中国云南、四川、广东、广西、海南、福建

木兰青凤蝶

木兰青凤蝶

旖凤蝶

长尾虎纹凤蝶 ● | 凤蝶科，青凤蝶属 | 学名：*Graphium androcles* Boisduval

长尾虎纹凤蝶

赏蝶季节：春、夏、秋季

赏蝶环境：丛林、园圃间

长尾虎纹凤蝶是世界上尾突最长的蝴蝶，飞翔时长尾突飘飘扬扬，姿态非常优雅。

形态 长尾虎纹凤蝶是一种中大型蝴蝶，头、胸、腹部为深棕色，胸部长有褐色和灰白色的绒毛，触角细长，呈棒状。前翅的基部为白色或乳白色，有3条黑色或深棕色斑带，基部的2条都是从前缘一直延伸到后缘，第三条只贯穿于中室内，脉纹为浅褐色，端部有一大片深褐色的三角形区域，亚外缘处有一条白色的斑带；后翅的翅面为白色或乳白色，基部有黄色绒毛，还有2条褐色的斑带，外缘处有一列黑色斑纹，后翅翅边呈波浪状，有一条很长的尾突，尾突内有一条黑色细线。

习性 **飞行**：姿态十分优美，喜欢在阳光下翩翩起舞。**宿主**：幼虫常以马兜铃科马蹄香属植物为宿主。**食物**：成虫喜访花，食花粉、花蜜、植物汁液等，雄蝶会在溪边湿地吸水。**栖境**：丛林、园圃间。**繁殖**：卵生，经历卵—幼虫—蛹—成虫四个阶段；雌蝶常将卵散产于宿主植物的叶面上，卵近球形，表面光滑；幼虫5龄，常以马兜铃科等植物为食；蛹为缢蛹，以蛹越冬。

前翅上有大块深褐色三角形区域，内有两条白色斑带

后翅黑白相间，似老虎斑纹

长长的尾突似飘带，内有一条黑色细线

别名：不详 | 英文名：Giant swordtail | 翅展：80~120mm

● 分布：印度尼西亚的苏拉威西岛、苏拉群岛等地

红珠凤蝶　●　凤蝶科，珠凤蝶属　|　学名：*Pachliopta aristolochiae* Fabricius

红珠凤蝶

赏蝶季节： 全年可见，春、秋季较常见

赏蝶环境： 山区和平原地区，庭院中

　　红珠凤蝶的腹部长有红色绒毛，后翅上有扁圆形红色斑纹，在黑色翅面上异常清晰，故得其名。

面部、胸侧及腹部末端长有红色的毛，生长浓密，颜色鲜艳

形态 红珠凤蝶属于中大型凤蝶，体、背皆为黑色。前、后翅均呈黑色，前翅基部颜色较深，中部和端部颜色较浅，呈黑褐色或棕褐色，翅脉为黑色；后翅中部有3~5个白斑，依次排列，中间大两边小，翅外缘有6~7个粉红色或黄褐色半月形斑纹，后翅外缘呈波浪状，有尾突。翅反面与正面大体相似，只不过后翅的斑纹较正面明显一些，且臀角处有1枚红色斑纹。

习性 **飞行：** 速度较缓慢，姿态十分优美。**宿主：** 马兜铃科的马兜铃属植物。**食物：** 成虫喜访花，常于山区路旁林缘的花丛中访花吸蜜。**栖境：** 平地至海拔1000m的山区。**繁殖：** 卵生，经历卵—幼虫—蛹—成虫四个阶段；雌蝶喜欢在光照充足的时候在宿主植物上产卵，卵多产在宿主植物的叶背、嫩芽或茎上，卵期约5天，幼虫期约21天，蛹期约12天。

翅脉十分清晰，脉纹两侧呈灰白色或棕褐色

红珠凤蝶与雌性玉带凤蝶极为类似，唯一不同之处即在后翅外缘区的红色斑纹上：红珠凤蝶后翅上的红色斑纹呈扁圆形，而雌性玉带凤蝶的斑纹呈新月形

别名： 红腹凤蝶、七星凤蝶、红纹曙凤蝶　|　**英文名：** Common rose　|　**翅展：** 70~94 mm

● **分布：** 东南亚、南亚和中国河北、陕西至江浙、广西、四川、云南、福建、海南、台湾、香港

斑凤蝶

赏蝶季节：*春季*

赏蝶环境：*低海拔平地及丘陵地带*

斑凤蝶的翅膀上有很多大大小小的斑纹与斑点，遍布整个翅面，故得其名。

雌、雄蝶差异比较大，雄蝶相对色彩暗淡

波谷处有淡黄色斑

形态 斑凤蝶雄蝶的翅呈黑褐色或棕褐色，基部颜色较深，前翅外缘区及亚外缘区各有一列斑纹，呈淡黄色或黄白色；后翅亚外缘区有1~2列新月形斑纹，呈淡黄色或黄白色，后翅外缘呈波浪状，无尾突。雌蝶的翅呈黑色或黑褐色，前翅外缘区以及亚外缘区的斑纹与雄蝶大致相同，基部、亚基部、中部及中后部有斑纹；后翅的外缘区以及亚外缘区的斑纹与雄蝶大致相同，翅面各翅室有黄白色斑纹，且沿翅脉整齐排列，后翅外缘呈波浪状，无尾突。

习性 **飞行**：速度较缓慢，但飞行力强，在季风来临前会飞行数小时不休息。**宿主**：樟科的樟属、潺槁树，木兰科的玉兰花、含笑花以及番荔枝科的番荔枝等植物。**食物**：成虫喜访花吸蜜，常以长穗木、马缨丹、金露花、大花咸丰草等植物为蜜源，雄蝶常在湿地吸水。**栖境**：低海拔平地及丘陵地带。**繁殖**：卵生，经历卵—幼虫—蛹—成虫四个阶段；卵黄色，球形，表面圆滑并有光泽，多产于宿主植物的新芽、嫩叶或叶柄与嫩枝上。

别名：拟斑凤蝶、黄边凤蝶 | **英文名**：Common mime | **翅展**：80~101mm

分布：印度 尼泊尔 缅甸 泰国 马来西亚和中国四川 云南 海南 广东 广西 福建 台湾 香港

绿凤蝶

赏蝶季节：春、夏、秋季，2~11月

赏蝶环境：草地与灌木丛中

绿凤蝶翅面上的颜色大部分为绿色或黄绿色，给人一种青春、活泼、温暖的感觉，深得人们喜爱。

形态 绿凤蝶的头、胸、腹部为黑褐色且带有黄白色的绒毛；前翅呈淡黄白色或黄绿色，边缘处有一圈黑色或黑褐色斑带，较粗，中部有7条黑褐色斑带，有些种类前翅总共只有4条黑褐色斑带；后翅基部呈淡黄绿色，内有3条黑褐色斑带一直延伸到臀角处，而端部呈淡黄白色，中部区域有1列黑色斑点，外缘呈波浪状，上面有黑色斑点，翅边有一圈灰白色斑纹，有尾突。

习性 **飞行**：姿态十分优美，喜欢在阳光下翩翩起舞。**宿主**：幼虫通常以番荔枝科植物为宿主。**食物**：成虫喜访花，食花粉、花蜜、植物汁液等，雄蝶会在溪边湿地吸水。**栖境**：草地与灌木丛中。**繁殖**：卵生，经历卵—幼虫—蛹—成虫四个阶段；雌蝶通常将卵产在宿主植物的叶面上；幼虫5龄，其大多以番荔枝科的植物，如假鹰爪属、番荔枝属、大花紫玉盘等为食，初龄幼虫为白色，老龄幼虫为黄色；蛹是绿色。

黑色斑点大小形状不一，靠近前缘的1个斑点为新月形，第二个斑点比较大，基本呈圆形，亚外缘处有1列条形的斑点，但排列并不连续

尾突较长，呈黑褐色

7条斑带将中间区域分成了几个淡黄白色或黄绿色斑块，靠近端部的斑带较粗，十分明显，但从基部数第4条斑带变化非常大，逐渐变得很窄或直接消失不见

别名：五纹绿凤蝶 | 英文名：Five-bar swordtail | 翅展：70~95mm

分布：越南、印度、泰国、缅甸、马来西亚和中国的广东、广西、香港等地

旖凤蝶

赏蝶季节：*秋季，9~10月多见*
赏蝶环境：*花园、田野和开阔的林地*

旖凤蝶的外观美丽，观赏价值高，被录入2000年《国家保护的有益的或者有重要经济、科学研究价值的陆生野生动物名录》。

形态 旖凤蝶的翅呈淡黄色或黄白色，前翅有7条黑色横带；后翅基部和中部各有1条黑色斑带，翅边也有1条黑色斑带，翅边呈波浪状，有尾突。前翅反面第4条黑色横带镶有黄色条纹，第6条黑色横带分裂为2条黑色条纹；后翅反面中部黑带镶有1条橙色细斑纹。

臀角处还有1个蓝色镶黑边的三角斑及1个黄色横斑

习性 **飞行**：速度较快，但行动不太敏捷，经常会张开翅膀在空中作滑翔状。**宿主**：梅属、欧洲花楸、酸山楂、梨属等。**食物**：成虫喜欢访花吸蜜，雄蝶夏天有吸水的习性。**栖境**：花园、田野和开阔林地。**繁殖**：卵生，经历卵—幼虫—蛹—成虫四个阶段；卵为乳黄白色，表面有强光泽，球形，底部略凹，单产在宿主植物的嫩芽与嫩叶背面；幼虫在整个幼虫期间都在宿主植物的叶表面活动，低龄期的时候常常在阳光可照射到的地方活动，老熟幼虫在宿主植物的叶片背面化蛹。

后翅斑带上镶有5个新月形的斑纹，臀角处的斑纹为黄色，其余4个斑纹为蓝色

麝凤蝶

赏蝶季节： 夏、秋季，5~8月

赏蝶环境： 900~1680m的山坡丛林，有灌木丛的林间小路

　　麝凤蝶颜色鲜艳，外观美丽，被称为"大自然花朵"，具有极高观赏价值。它后翅上的灰白色臀褶会发出香气，似麝香味，羽化不久的雄蝶身上的香味更明显，故得其名。

形态 麝凤蝶是一种中大型凤蝶，雌蝶体形较雄蝶大一些，且雌蝶的前后翅较圆钝。前翅呈红褐色，脉纹较清晰，脉纹两侧有灰色和白色斑点；后翅为黑褐色，中部有4个白色斑点，依次排列，连成一个斑块，中间仅由脉纹隔开，后部颜色较深，几乎为黑色，亚外缘有4个红色半月形斑纹，后翅外缘呈深波浪状，有尾突。

习性 **飞行：**速度较缓慢，雄蝶常绕大树盘旋飞行，雌蝶经常在花丛间飞行。**宿主：**多种樟科植物，如红楠、樟树和土肉桂等。**食物：**成虫喜欢访花吸蜜，经常以合欢、粉叶羊蹄甲、臭牡丹、接骨草等为蜜源植物，雄蝶有吸水习性。**栖境：**海拔900~1680m的山坡丛林内，并且林下有灌木分布的林间小路最容易观察到麝凤蝶。**繁殖：**卵生，一年可发生2~3代，经历卵—幼虫—蛹—成虫四个阶段。卵为红褐色，椭圆形，直径约1.6mm，表面粗糙不光滑；幼虫5龄，黑色，各节有红色突起，以猪笼草属植物为食；以蛹越冬。

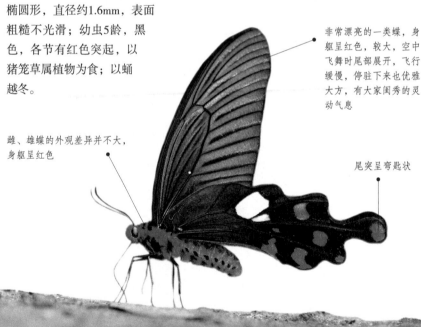

非常漂亮的一类蝶，身躯呈红色，较大，空中飞舞时尾部展开，飞行缓慢，停驻下来也优雅大方，有大家闺秀的灵动气息

雌、雄蝶的外观差异并不大，身躯呈红色

尾突呈弯匙状

別名：中华麝凤蝶、麝香凤蝶、麝香蝶　｜　英文名：Chinese windmill　｜　翅展：110~130mm

分布：越南、缅甸、泰国、印度和中国昆明、玉溪、保山、景洪等地

麝凤蝶

麝凤蝶

红星花凤蝶

长尾麝凤蝶 ▶ 凤蝶科，麝凤蝶属 | 学名：*Byasa impediens* Rothschild

长尾麝凤蝶

赏蝶季节：春、夏、秋季，4~10月
赏蝶环境：林缘和林间空地

长尾麝凤蝶与麝凤蝶类似，尾突更长，后翅上的灰白色臀褶会发出麝香味，故得其名。

形态 长尾麝凤蝶是一种中大型凤蝶，其头、胸、腹部呈黑色，两侧及腹面有红色绒毛。前翅为黑色或红褐色，脉纹较清晰，脉纹两侧有灰色和白色斑点；后翅为黑褐色，中部有4个白色斑点，依次排列，连成一个斑块，中间仅由脉纹隔开，后部颜色较深，几乎为黑色，亚外缘有7个红色的半月形斑纹，中间的较大，两侧的较小，后翅外缘呈深波浪状，有尾突。

雌、雄蝶的外观差异并不大，只不过雌蝶体形比雄蝶大，且前后翅较圆钝

习性 **飞行：**速度较缓慢，雄蝶飞行能力较强，常围绕大树盘旋飞行，雌蝶经常在花丛间飞行。**宿主：**马兜铃科植物，如管花马兜铃、异叶马兜铃、台花马兜铃、大叶马兜铃、港口马兜铃、蜂窝马兜铃等。**食物：**成虫喜欢访花吸蜜，蜜源植物有合欢、粉叶羊蹄甲、臭牡丹、接骨草等。**栖境：**林缘和林间空地。**繁殖：**卵生，一年可发生3~4个世代，经历卵—幼虫—蛹—成虫四个阶段。以蛹越冬，第二年的4月中旬越冬的蛹开始羽化，4月下旬至6月上旬产卵，卵期为12~14天，5月上旬卵开始孵化，中下旬为卵孵化的高峰期；幼虫5龄。

尾突呈弯匙状

别名：不详 | 英文名：Pink-spotted windmill | 翅展：110~130mm

分布：中国陕西、甘肃、山东、江苏、四川、湖北、湖南、江西、浙江、福建、台湾

瓦曙凤蝶

赏蝶季节： 夏季，7~8月
赏蝶环境： 2000~3000m的高山地带，林缘光线较少的地方

瓦曙凤蝶的体、翅分别为红色和黑色，两者形成非常鲜明的对比，因后翅上有一个曙红色的大斑点而得名。

形态 瓦曙凤蝶是一种中大型凤蝶，其头、胸、腹部呈黑色，两侧及头部、腹面有红色的绒毛；前翅的翅面为灰蓝色，脉纹为黑色，十分清晰，脉纹两侧有灰色和白色斑点；后翅颜色比前翅深一些，为深灰绿色，臀角处有一个橙色的斑点，大而明显，有些种类的后翅中部有一大片白色的区域。

习性 **飞行：** 速度较缓慢，飞行姿态十分优美。**宿主：** 琉球马兜铃。**食物：** 成虫喜访花吸蜜，食花粉、花蜜、植物汁液等，常以白色的布骨肖花等为蜜源花卉。**栖境：** 海拔2000~3000m的高山地带，成虫喜在林缘光线较少处活动。**繁殖：** 卵生，一年发生2代，经历卵—幼虫—蛹—成虫四个阶段；卵为橘黄色或黄色，球形，底部扁平，顶部略凸，呈桃子状，单产于宿主植物的叶背面，每次产卵4~6个；幼虫在叶背面活动，老熟幼虫常在宿主植物的附近或者隐秘的植物枝叶间吐丝化蛹；蛹为带蛹，呈橘褐色。

雌蝶比雄蝶体型略大，翅面上黑底带些褐色，后翅反面下半部分的红色斑点颜色较浅

前翅基部颜色较深，有三分之一的部分为黑色，上面散布一层灰色鳞粉

别名： 窄曙凤蝶　｜　**英文名：** Common batwing　｜　**翅展：** 110~130mm

分布： 印度、尼泊尔、缅甸、越南、泰国、马来西亚和中国云南、四川、广西、海南

中华虎凤蝶

赏蝶季节：春季，3~5月
赏蝶环境：光线较强而湿度不太大的林缘地带

　　中华虎凤蝶是中国独有的一种野生蝶类，因其独一无二、珍贵无比，所以被誉为"国宝"，并且还被绘入中国昆虫学会蝴蝶分会的会徽图案中。

形态 中华虎凤蝶为雌、雄同型，体、翅皆为黑色，前翅上有7条黄色的斑带，其中第2条和第3条，第4条和第5条在中部合二为一到达后缘，第6条斑带在中部即消失，第7条斑带窄长，由8个黄色的斑点整齐排列组成；后翅外缘呈波浪状，在波谷处有4个黄色的半月形斑纹，亚外缘有5个红色的斑点依次排列，连成斑带，内侧有细小的黑斑，有尾突，较短。

习性 **飞行**：不善飞行，只在特定区域活动。**宿主**：马兜铃科的杜衡、华细辛等。**食物**：成虫经常访花吸蜜，以蒲公英、紫花地丁及其他堇科植物为主要蜜源，经常会吸食油菜花或蚕豆花蜜。**栖境**：光线较强而湿度不太大的林缘地带。**繁殖**：卵生，一年发生一世代，卵为立式，3月中下旬产卵，集中产于宿主植物的叶片背面，开始时呈淡绿色，具有珍珠般光泽，孵化前变成黑褐色，底平上圆，呈馒头形；幼虫取食马兜铃科的杜衡、华细辛等植物；以蛹越夏、越冬。

雌蝶与雄蝶大致类似，前后翅反面的斑纹与正面基本相似

别名：横纹蝶 | 英文名：Chinese luehdorfia | 翅展：55~65mm

● 分布：中国的长江流域中下游地区，如江苏、浙江、安徽、江西、湖北等地

翠叶红颈凤蝶

赏蝶季节：全年可见，3月和7~8月较常见
赏蝶环境：海拔500~1500m的热带森林

翠叶红颈凤蝶的颈部有一圈红色的绒毛，故称"红颈鸟翼蝶"，其翅面上翠绿色的斑纹似绿色的树叶，又名"翠叶凤蝶"。该蝶翅上遍布着金绿色的鳞片，在阳光的照射下十分美丽，华贵异常，是世界上珍稀的蝶类昆虫之一，被列入《华盛顿公约》II类保护动物，也是马来西亚的国蝶。

蝶翅黑色，有翠绿斑纹，颈红色，整个翅面遍布金绿色鳞片，具有光学效应，从不同角度会看到变幻迷人的色彩

形态 翠叶红颈凤蝶是一种大型凤蝶，雌、雄双型，分为春、夏两型，春型的体形较小，夏型的体形相比较而言较大。头部和胸部为黑色，腹部为棕色，颈部和胸部下方有红色的绒毛。翅呈黑色，上有翠绿色的斑纹，翅面上遍布着金绿色的鳞片，前翅狭长，亚外缘处有一列三角形的翠绿色斑纹，排列整齐；后翅狭小，在中部有一片翠绿色的区域，翅边呈微波状，无尾突。雌蝶的色彩较暗淡，并且翅上有一些白色和绿色斑点。

习性 **飞行：**速度较为缓慢，但飞行能力强，在季风来临前会飞行数小时不休息。**宿主：**以马兜铃属的植物为宿主。**食物：**成虫喜欢访花吸蜜，雄蝶具有成群吸水的习性。**栖境：**生活在海拔500~1500m的热带森林。**繁殖：**卵生，一年可发生二代以上，雌蝶将卵产在寄主植物的新芽与嫩叶的背腹两面或嫩枝上，一次产卵5~20枚；幼虫分为5龄，取食尖叶马兜铃和蜂巢马兜铃等植物的叶。

别名：红颈鸟翼蝶、翠叶凤蝶 | **英文名：**Raja Brooke's birdwing | **翅展：**95~145mm

分布：马来西亚、缅甸、泰国、印尼、菲律宾

亚历山大女皇鸟翼凤蝶

赏蝶季节：春、夏、秋季

赏蝶环境：新几内亚东部的北部省附近的热带雨林中

亚历山大女皇鸟翼凤蝶外形美丽，十分高贵，是为了纪念英国国王爱德华七世的妻子亚历山大皇后（1844~1925）而命名，已被列入《濒危野生动植物种国际贸易公约》。

世界上最大的蝴蝶，雌蝶的翅展会长达310mm，体长80mm，重12g

形态 亚历山大女皇鸟翼凤蝶体形巨大，雌蝶的翅呈褐色，翅的外缘与亚外缘上有白色斑纹，头、胸部为黑褐色，胸部有红色绒毛，腹部呈乳白色。雄蝶较为细小，翅呈褐色，翅面有虹蓝光泽以及绿色斑纹，腹部为鲜黄色，后翅上散布有金点。

习性 **飞行**：十分活跃，尤以早上和黄昏最为明显。**宿主**：以马兜铃属的植物为宿主。**食物**：成虫喜欢访花吸蜜，常以木槿属等的花朵为蜜源植物。**栖境**：新几内亚东部的北部省附近的热带雨林100km²以内。**繁殖**：卵生，一生会产约27颗卵；幼虫以马兜铃属植物为食，如尖叶马兜铃、夹叶马兜铃、西藏马兜铃、前脉马兜铃、狭叶马兜铃、他加禄马兜铃等；由卵至蛹需约6个星期，蛹期1个月或更长。

成虫会选择在湿度较高的早上破蛹，成虫寿命约3个月

别名：女王亚历山大巨凤蝶 | **英文名**：Queen Alexandra's birdwing | **翅展**：160~310mm | **保护级别**：I 类

分布：新几内亚东部的北部省

歌利亚鸟翼凤蝶　｜　凤蝶科，鸟翼凤蝶属　｜　学名：*Ornithoptera goliath* Oberthur

歌利亚鸟翼凤蝶

赏蝶季节：春、夏、秋季
赏蝶环境：热带雨林中

歌利亚鸟翼凤蝶是一种世界范围内都十分珍稀的蝶类，被列入《濒危野生动植物种国际贸易公约》，也被列入中国国家林业局发布的《国家重点保护野生动物名录》中。

世界上第二大的蝴蝶

形态 歌利亚鸟翼凤蝶身形比较大，前翅长，呈矛尖形，前翅外缘与中间部位各有一条亮黑色斑纹，斑纹比较粗，但形状不定；后翅也呈亮黄色，但颜色比较淡，外缘区也有一条黑色斑纹，比前翅的斑纹稍窄些，臀角处斑纹比较宽，没有尾突。

习性 **飞行**：姿态十分优美，喜欢在阳光下翩翩起舞。**宿主**：幼虫通常以马兜铃属的植物为宿主。**食物**：成虫喜访花，喜食花粉、花蜜、植物汁液等，雄蝶会在溪边的湿地吸收水分。**栖境**：通常栖息在热带雨林中。**繁殖**：卵生，经历卵—幼虫—蛹—成虫四个阶段。雌蝶通常将卵单产于宿主植物的叶面上，一个叶片上最多有20枚卵；幼虫分为5龄，通常以马兜铃属的植物为食物。

● 雌蝶与雄蝶的区别十分明显：雌蝶体形较大并且颜色单调，而雄蝶的体形虽然稍小些但颜色鲜艳

● 头、胸部为亮黑色，腹部呈亮黄色，翅膀颜色鲜艳，翅面上有亮黑色的斑纹

别名：玉皇鸟翼凤蝶　｜　英文名：Goliath birdwing　｜　翅展：200~300mm　｜　保护级别：Ⅱ类

分布：大洋洲的部分地区，主要是新几内亚

| 红鸟翼凤蝶 ● | 凤蝶科，鸟翼凤蝶属 | 学名：*Ornithoptera croesus* Wallace |

红鸟翼凤蝶

赏蝶季节： *春、夏、秋季*

赏蝶环境： *茂密的热带雨林*

红鸟翼凤蝶被列入《濒危野生动植物种国际贸易公约》，也被列入中国国家林业局发布的《国家重点保护野生动物名录》，还被"世界自然保护联盟"（IUCN）列为濒危物种（EN），由此可见其珍贵无比。

形态 红鸟翼凤蝶是一种大型凤蝶，雌蝶的体形较雄蝶大，翅膀也较圆，更宽阔。雌蝶的前胸呈黑色，腹部呈黄色，胸部带有红色的绒毛；前翅呈褐色，另有某些亚种为白色，翅面上有白色形状不规则的斑点；后翅呈黑褐色，另有某些亚种为白色，翅面有金色形状不规则的斑点链。雄蝶体形较细小，头部和前胸呈黑色，腹部呈金黄色；前翅橙黑分明；后翅边缘为黑色，内侧有绒毛，翅面上有黄色和绿色的斑带，并且有黑色的斑点链和脉纹，后翅的背面则是黑色和黄绿色，并布有黑色斑点链和斑纹。

习性 **飞行**：速度较缓慢，飞行姿态优美、高贵，喜滑翔，在早晨及黄昏十分活跃。**宿主**：马兜铃属植物。**食物**：成虫喜访花，食花蜜等。**栖境**：茂密的热带雨林中。**繁殖**：卵生，一生产卵约27枚，幼虫刚出生时先吃卵壳，再取食马兜铃属植物，如尖叶马兜铃、夹叶马兜铃等的嫩叶，结蛹前会吃蔓藤；由卵至成蛹需约6个星期，蛹期约1个月或更长。

前翅上半部分为橘红色和绿色带，下半部分呈黑色，并带有光泽

成虫会在湿度较高的早上破蛹，成虫寿命约为3~4个月

| 别名：华莱士金鸟翼凤蝶 | 英文名：Wallace's golden birdwing | 翅展：170~200mm | 保护级别：Ⅱ类 |

● 分布：印度尼西亚的马鲁古群岛

绿鸟翼凤蝶 ● | 凤蝶科，鸟翼凤蝶属 | 学名：*Ornithoptera priamus* L.

绿鸟翼凤蝶

赏蝶季节：春、夏、秋季

赏蝶环境：热带雨林中的树冠层或灌木丛中

绿鸟翼凤蝶是印度尼西亚的国蝶，颜色鲜艳，十分珍贵，被列入《濒危野生动植物和国际贸易公约》和我国《国家重点保护野生动物名录》。

形态 绿鸟翼凤蝶是一种大型凤蝶，头部和胸部为黑色，胸部下方有红色绒毛，腹部为黄色，后颈有一圈红色，颜色鲜艳。雌、雄双型，雌蝶的体形大于雄蝶，雄蝶前翅呈黑色，翅面上有大面积翠绿色斑纹，翅脉黑色，将斑纹分成一个个的斑块；后翅为深绿色或蓝色。雌蝶的颜色较暗淡，翅面棕色，上面有白色环形斑点。

习性 **飞行**：善飞行，姿态优美，常飞到离宿主植物很远处。**宿主**：马兜铃属植物。**食物**：成虫喜访花，常于晨昏时飞到野花处吸蜜，以马鞭草科、紫茉莉科、锦葵科、茜草科、杜鹃科、豆科及忍冬科等为蜜源植物。**栖境**：海拔500~2500m的热带雨林中。**繁殖**：卵生，一年发生多代，一次产卵5~20枚；幼虫分为5龄，以马兜铃属植物，如尖叶马兜铃、夹叶马兜铃等植物的叶为食；蛹期为37天左右。

雄蝶后翅遍布着金绿色的鳞片

有春、夏两型，春季的体形较小，夏季的体形较大

别名：东方之珠蝶 | **英文名**：Green birdwing | **翅展**：180~220mm | **保护级别**：Ⅱ类

● **分布**：大洋洲从马六甲到巴布亚新几内亚、所罗门群岛和澳大利亚北部等地

蓝鸟翼凤蝶

赏蝶季节：春、夏、秋季
赏蝶环境：茂密的热带雨林

　　蓝鸟翼凤蝶的颜色鲜艳，十分珍贵，被列入《濒危野生动植物种国际贸易公约》。

形态 蓝鸟翼凤蝶是一种大型凤蝶，雌蝶的体形较雄蝶大，翅膀也更圆、更宽阔。雌蝶的前胸呈黑褐色，胸部上有红色绒毛，腹部为乳白色；前翅为棕褐色，脉纹为黑褐色，十分明显，翅面上散布有乳白色的斑带，形状不规则；后翅亦为棕褐色，脉纹为黑色，外缘处有三角形的乳白色斑点链，整齐排列，内有卵形斑纹；背面的颜色稍浅。雄蝶的前胸呈黑色，胸部有红色绒毛，腹部为金黄色，颜色鲜艳；前翅的边缘呈黑色，向内部逐渐变为深蓝色，中间大面积黑色；后翅边缘呈黑色，中间为大片深蓝色

雄蝶在早上会在宿主植物附近寻找雌蝶。雄蝶会徘徊在雌蝶附近，放出激素来引发交配行为

区域，亚外缘有一列黑色的斑点链，整齐排列，内侧有绒毛；前翅背面有黑色条纹，并带有蓝色的斑带，后翅外缘为浅绿色，向内部逐渐变为浅蓝色，并布有黑色的条纹和斑点链。

习性 **飞行**：速度较缓慢，喜滑翔，在早晨及黄昏飞行且活动十分活跃。**宿主**：马兜铃属植物。**食物**：成虫喜访花，食花蜜等。**栖境**：茂密的热带雨林中。**繁殖**：卵生，一年可发生多代，雌蝶一生会产5~20枚卵，产于耳叶马兜铃植物的叶背上，刚产下的卵表面覆着橙色附着物；幼虫5龄，主要取食马兜铃属植物的叶，如尖叶马兜铃、夹叶马兜铃等，刚出生会先吃其卵壳，再吃嫩叶，结蛹前会吃蔓藤；由卵至成蛹需约6个星期，蛹期约1个月或更长；成虫会在湿度较高的早上破蛹，成虫寿命为2~4个月。

别名：不详 | 英文名：D'Urville's birdwing | 翅展：170~210mm

▶ 分布：所罗门群岛、新爱尔兰岛等地

悌鸟翼凤蝶

赏蝶季节：春、夏、秋季

赏蝶环境：林缘开阔地

悌鸟翼凤蝶的翅面颜色非常鲜艳，十分珍贵，被列入《濒危野生动植物种国际贸易公约》，也被列入中国国家林业局发布的《国家重点保护野生动物名录》。

形态 悌鸟翼凤蝶是一种大型凤蝶，雄蝶的头、胸部呈黑褐色，胸部上长有红色绒毛，腹部为黄色。前翅的翅面为黄色，翅缘是一圈黑色斑带，较宽，中部有2条黑色横带，从基部发出，一直到达翅边；后翅翅面亦为黄色，脉纹黑色，翅边是一圈黑色斑带。翅背面颜色稍浅，斑纹与正面大致相同。雌蝶的头、胸部呈棕褐色，胸部上长有棕褐色绒毛，腹部为乳白色或黄白色，触角细长；前翅翅面为棕褐色，亚外缘处有一列白色斑点，两边斑点较大，中间的较小，翅面上还散布着5~6个斑点；后翅基部为棕褐色，中部为白色，有6个棕褐色斑点，呈半圆形排列，每个翅室有一个，翅边有一条棕褐色的斑带。

习性 **飞行**：姿态十分优美，喜欢在阳光下翩翩起舞。**宿主**：芸香科、马兜铃科等植物。**食物**：成虫喜访花，食花粉、花蜜、植物汁液等，雄蝶会在溪边湿地吸水。**栖境**：林缘开阔地。**繁殖**：卵生，一年发生3~4代，经历卵—幼虫—蛹—成虫四个阶段；雌蝶常将卵散产于宿主植物的叶面上，卵近球形，表面光滑；幼虫5龄；蛹为缢蛹，以蛹越冬。

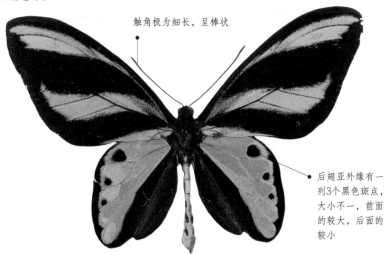

触角极为细长，呈棒状

后翅亚外缘有一列3个黑色斑点，大小不一，前面的较大，后面的较小

别名：不详 ｜ 英文名：Tithonus birdwing ｜ 翅展：200mm ｜ 保护级别：Ⅱ类

● 分布：大洋洲的部分地区

钩尾鸟翼凤蝶

赏鸟季节：春、夏、秋季

赏鸟环境：热带雨林中的树冠层或灌木层中

钩尾鸟翼凤蝶有一条细细的尾突，端部略弯，像钩一样，因此称为钩尾。其被列入《濒危野生动植物种国际贸易公约》，也被列入中国国家林业局发布的《国家重点保护野生动物名录》。

形态 钩尾鸟翼凤蝶是一种大型凤蝶，雌性钩尾鸟翼凤蝶的体形较雄蝶大，翅膀也较圆，更为宽阔。头、胸部呈黑褐色，胸部有红色的绒毛，腹部为橙黄色或黄绿色；前翅为橙黄色或黄绿色，翅的边缘有一圈黑色的斑带，较宽，中部有一条黑色的横带，纵贯左右，粗细不均匀，翅脉为黑色；后翅亦为橙黄色或黄绿色，不过颜色较前翅鲜艳一些，翅边有一圈黑色的细线，靠臀部的边缘有一块斑纹，为黑色或黑褐色，从基部一直延伸到臀角处，面积较大，十分明显。

原产于东南亚及澳大利亚大陆及周边群岛，另有一种分布在印度，体形很大，颜色夺目，活动于森林的树冠层或灌木层中，吃有花蜜的花朵，或在日光下晒太阳

习性 **飞行：**速度较为缓慢，并且喜滑翔。**宿主：** 马兜铃属的植物。**食物：**多数成虫喜访花吸蜜，常以马鞭草科、紫茉莉科、锦葵科、茜草科、杜鹃科、豆科及忍冬科等为蜜源植物。**栖境：**通常生活在海拔500~2500m的热带雨林中。**繁殖：**卵生，经历卵—幼虫—蛹—成虫四个阶段。雌蝶将卵产于耳叶马兜铃植物的叶背上，刚产下的卵表面上覆着橙色的附着物；幼虫分为5龄，且以马兜铃属植物的叶为食，如尾叶马兜铃和狭叶马兜铃等植物。

别名：不详 | 英文名：Paradise birdwing | 翅展：200~300mm | 保护级别：Ⅱ类

◑ 分布：大洋洲的部分地区

石冢鸟翼凤蝶　　凤蝶科，鸟翼凤蝶属 ｜ 学名：*Ornithoptera euphorion* Gray

石冢鸟翼凤蝶

赏鸟季节： 春、夏、秋季
赏鸟环境： 林缘的开阔地带

石冢鸟翼凤蝶的翅面颜色鲜艳，十分珍贵，被列入《濒危野生动植物种国际贸易公约》，也被列入中国国家林业局发布的《国家重点保护野生动物名录》。

形态 石冢鸟翼凤蝶体形大，前翅为绿色或黄绿色，翅边有一圈黑色斑纹，粗细均匀，翅脉黑色，较粗，十分清晰，从基部伸出一条黑色斑纹，贴着前端的亚外缘处延伸，一直到端部，翅边亚外缘处有一条长斑纹；后翅为黄色或黄绿色，翅边有一圈黑色斑纹，翅脉黑色，较细，亚外缘处有一列黑色斑点，数量6个，大小不一，但依次排列，整齐有序，臀角处的斑点最小，从臀角处数第五个斑点最大。

习性 **飞行：** 姿态十分优美，喜欢在阳光下起舞，飞行路线不规则，常沿山涧溪水飞行。**宿主：** 幼虫通常以芸香科、马兜铃科植物为宿主。**食物：** 成虫喜访花，食花粉、花蜜、植物汁液等，雄蝶会在溪边湿地吸水。**栖境：** 林缘开阔地带。**繁殖：** 卵生，经历卵—幼虫—蛹—成虫四个阶段；雌蝶将卵散产于宿主植物的叶面上，卵近球形，表面光滑；幼虫5龄，以芸香科、马兜铃科、伞形花科植物为食；蛹为缢蛹，以蛹越冬。

黑色的翅脉将翅面分成一个个斑块

头、胸部为黑色，腹部为黄色或黄褐色

别名：不详 ｜ 英文名：Cairns birdwing ｜ 翅展：200mm ｜ 保护级别：Ⅱ类

分布：大洋洲的部分地区

波利西娜凤蝶

赏蝶季节：春、夏、秋季

赏蝶环境：河岸、湿地、荒地

波利西娜凤蝶是世界珍稀蝴蝶之一，其花纹很有特色，斑纹复杂，十分漂亮，深得人们的喜爱。

翅边长有黄色绒毛

形态 波利西娜凤蝶是一种中型蝴蝶，前翅翅面为黄色，上面有很多深棕色斑纹，中室内有4个斑纹，外缘处有一列三角形斑纹，翅脉黑色，较粗；后翅翅面淡黄色，翅脉棕褐色，基部到臀角长有白色长绒毛，也有几个棕褐色斑纹，外缘有一列三角形斑纹，亚外缘有一列带刺斑纹，斑纹内侧有几个红斑点，前面有棕褐色半框，每个翅室有一个，总共7个，旁边有白色鳞片。

习性 **飞行：**姿态优美，喜欢在阳光下起舞。**宿主：**幼虫通常以马兜铃属植物为宿主。**食物：**成虫喜访花，食花粉、花蜜、植物汁液等，雄蝶会在溪边湿地吸水。**栖境：**海平面到海拔1700m的地方，如河岸、湿地、荒地和喀斯特地形的岩石峭壁。**繁殖：**卵生，经历卵—幼虫—蛹—成虫四个阶段；雌蝶将卵散产于宿主植物的叶背上，卵单产，白色或淡蓝色，半透明，球形；幼虫5龄，常以马兜铃属植物为食，初龄幼虫身体为黑色，上面有体刺，后逐渐变成黄色，体长可达35mm。

触角呈棒状，顶端为黑色

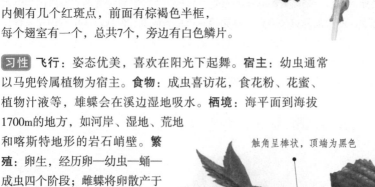

别名：不详　|　**英文名：**Southern pestoon　|　**翅展：**60~80mm

分布：法国东南部、意大利、斯洛伐克、希腊、哈萨克斯坦

红星花凤蝶 | 凤蝶科，锯凤蝶属 | 学名：*Zerynthia rumina* L.

红星花凤蝶

赏蝶季节：从深冬到春末，4~5月常见

赏蝶环境：崎岖多石的山腰间或海岸

红星花凤蝶的翅面上有花边状图案，复杂精致。

形态 红星花凤蝶是一种中型蝴蝶，前翅翅面为淡黄白色，上面有很多深棕色斑纹，外缘有一列波浪状斑纹，亚外缘处有一列带刺的斑纹，这条斑纹的长刺伸向两个三角形中间的波谷处；翅脉为黑色，较粗，翅边长有淡黄白色的绒毛；后翅翅面为淡黄白色，翅脉棕褐色，基部到臀角处长有黄白色长绒毛，也有几个棕褐色斑纹，前面有棕褐色半框，每个翅室有一个，总共有6个，旁边还有白色的鳞片。

触角呈棒状，顶端为黑色

习性 **飞行：**姿态十分优美，喜欢在阳光下翩翩起舞。**宿主：**幼虫常以马兜铃属植物为宿主。**食物：**成虫喜访花，食花粉、花蜜、植物汁液等，雄蝶会在溪边湿地吸水。**栖境：**崎岖多石的山腰间或海岸地区。**繁殖：**卵生，经历卵—幼虫—蛹—成虫四个阶段；雌蝶常将卵散产于宿主植物的叶背上，卵单产，颜色多样，有浅黄色、蓝色等，半透明，球形；幼虫5龄，身体淡褐色，沿身体有数排粗短红刺，上面有黑色斑纹，常以马兜铃属植物为食；蛹为缢蛹。

前翅中室内有4个斑纹，第一个与第三个的中部有亮红色的斑点

头、胸、腹部为棕褐色，胸部长有黄棕色的绒毛，腹部长有淡黄色的绒毛和黄色的斑点

后翅亚外缘处有2列波浪状斑纹，斑纹内侧有几个红色斑点

别名：不详 | 英文名：Spanish festoon | 翅展：45~50mm

分布：法国东南部、西班牙、葡萄牙、北非等地区

多尾凤蝶

赏蝶季节：春、夏、秋季
赏蝶环境：林缘的开阔地带

多尾凤蝶是不丹的国蝶，花纹极具特色，非常好辨认，十分珍稀，被列入《濒危野生动植物种国际贸易公约》，也被列入中国国家林业局发布的《国家重点保护野生动物名录》。

稀少而美丽，是不丹的国蝶，被称为"高山美人"

形态 多尾凤蝶的头、胸、腹部为黑色，翅面为黑色或黑褐色，翅形比较狭长，翅面上有很多波浪形的条纹，这些条纹呈浅黄色或黄白色，非常明显，前翅上有8条，排列整齐，基部的1条特别宽，越往端部越窄，颜色也越浅；后翅的条纹比较杂乱，排列不一，臀角处有一大块深红色的斑点，中部是一块黑色的斑点，如黑天鹅绒般光滑亮丽，内部镶嵌有两个淡蓝色的眼点，整个斑纹像涂了眼线的眼睛一样，后翅的翅边呈锯齿状，并有4条长短不一的尾状突起，尾突内有浅黄色或黄白色的脉纹。

臀区有一大的深红色斑，中部为黑天鹅绒斑，内嵌两个淡蓝色眼点

习性 **飞行**：姿态十分优美，喜欢在阳光下翩翩起舞。**宿主**：马兜铃属的植物。**食物**：成虫喜访花，喜食花粉、花蜜、植物汁液等，雄蝶会在溪边的湿地吸收水分。**栖境**：通常栖息在林缘的开阔地带。**繁殖**：卵生，经历卵—幼虫—蛹—成虫四个阶段。雌蝶将卵成片地产在马兜铃属植物的叶背上，卵为橙黄色，接近于圆球形，表面光滑，或有微小而不明显的皱纹，直径约1.5mm，卵期大约为4周；幼虫分为5龄，通常以马兜铃属的植物为食物；蛹为缢蛹，以蛹越冬。

别名：不丹褐凤蝶 ｜ **英文名：**Multi bhutanitis ｜ **翅展：**90~115mm ｜ **保护级别：**Ⅱ类

分布：缅甸、泰国、不丹、印度北部等地和中国云南

亚美利加杏凤蝶 | 凤蝶科，凤蝶属 | 学名：*Protographium marcellus* Cramer

亚美利加杏凤蝶

赏蝶季节：春、夏、秋季，5~8月较常见

赏蝶环境：林缘的开阔地带

亚美利加杏凤蝶的翅面颜色素雅，翅面上的花纹像斑马身上的条纹，因此又被称为斑马凤蝶。

臀角处有一个红色的斑纹

形态 亚美利加杏凤蝶与近缘的欧洲杏凤蝶相似，前、后翅翅面为白色，上面有一系列黑色纵带，共6条，第二条与第三条在中室外合成一条，延伸到后翅臀角处，其他几条都在中室内延伸，前翅外缘与亚外缘处各有一条黑色的斑带，较粗，后翅的外缘有一条较细的斑带，翅边呈波浪状，有尾突，尾突细长，中间有一条黑色的斑带。

习性 **飞行**：姿态十分优美，喜欢在阳光下低飞，飞行路线不规则，常沿着山间溪水飞行与活动。**宿主**：榆叶梅等植物。**食物**：成虫喜访花，食花粉、花蜜、植物汁液等，常以夹竹桃科、十字花科、豆科、千屈菜科、蔷薇科等为蜜源植物，雄蝶会在溪边湿地吸水。**栖境**：林缘开阔地带。

繁殖：卵生，一年发生多代，经历卵—幼虫—蛹—成虫四个阶段；雌蝶常将卵散产于宿主植物的叶背上，卵单产，颜色多样，有浅绿色、淡橙黄色等，半透明，球形；幼虫5龄，主要以巴婆植株为食，其身体为绿色或黑色；蛹为缢蛹。

触角为红色棒状

别名：斑马凤蝶 | 英文名：Zebra swallowtail | 翅展：60~90mm

分布：北美地区，包括美国的东部和加拿大的东南部

PART 2
100~113页

袖蝶

环袖蝶　　袖蝶科，袖蝶属 ｜ 学名：*Dryadula phaetusa* L.

环袖蝶

胸部长有橘黄色或浅棕色绒毛

赏蝶季节：夏、秋、冬季，7~12月
赏蝶环境：低海拔的热带平原和村庄里

环袖蝶的翅面颜色鲜艳，是一种很好的贝氏拟态，因此不受鸟类的喜爱。

形态 环袖蝶的头部为黑色，上面有白色小斑点，胸部和腹部为橙黄色或橘黄色。翅面也为橙黄色或橘黄色，前翅上有3条黑色斑带，从基部延伸到翅边，翅边呈黑色，上面有白色或浅黄色斑纹；后翅翅边有一条黑色斑带，斑带上有两列白色或黄白色斑点，中部也有一条黑色斑带，较粗。雌蝶与雄蝶的差异并不大，翅面颜色与斑纹都类似。

触角细长，呈棒状

习性 **飞行**：速度较为缓慢，并且经常在开阔的地带飞行与活动。**宿主**：通常为西番莲属的植物等。**食物**：成虫喜访花，主要吸食花蜜，也会以鸟类粪便为食。**栖境**：低海拔的热带平原和村庄里。**繁殖**：卵生，经历卵—幼虫—蛹—成虫四个阶段。雌性环袖蝶通常将卵单产在宿主植物的叶面上；幼虫分为5龄，通常以百香果的藤蔓为食，其头上有突起，体节上有枝刺；蛹为垂蛹。

雄蝶的翅膀颜色为亮橘色，雌蝶的翅膀颜色为比较淡的橘色，并且其黑色条纹较雄蝶模糊一些

別名：不详 ｜ 英文名：Banded orange heliconian ｜ 翅展：86~89mm

分布：巴西至墨西哥中部，委内瑞拉以及美国堪萨斯州也会偶尔出现

红带袖蝶

赏蝶季节：全年可见

赏蝶环境：原始森林、林缘空地、河边

红带袖蝶是世界上著名的有毒蝴蝶。在早期殖民开拓中，马是葡萄牙人的主要运力，它们多数是从葡萄牙本土装船继而转运到巴西大陆。但由于长途海运，加上水土不服、缺乏照料，马匹的死亡率非

翅面上红、白与黑色相间，很像当时葡萄牙国内邮差制服，故得名邮差蝴蝶

常高。随团兽医们为了逃避"疏于管理"之责，向上级报告说因为红带袖蝶的体内含有剧毒，并喜欢追逐马群，马匹一旦被叮咬或误食了它们停留过的草料，立刻会毒发身亡。因此国王下令焚烧红带袖蝶聚居的森林，以减少危害，使得红带袖蝶几乎灭绝。

形态 红带袖蝶是一种中型蝴蝶，头大，头、胸、腹部为黑色，头部有白色斑点，胸部和腹部长有黑色绒毛。前翅翅面颜色主要是黑色或深棕色，中部有一条亮红色斑带，较宽；后翅较圆钝，前端有一条白色斑带。

习性 **飞行：**速度较缓慢，经常在开阔地带飞行与活动。**宿主：**西番莲属的植物。**食物：**成虫喜访花，吸食花蜜，也以鸟类粪便为食。**栖境：**海平面到海拔1600m的原始森林中。**繁殖：**卵生，经历卵—幼虫—蛹—成虫四个阶段。雌蝶常将卵单产在宿主植物的叶面上，以西番莲为食；幼虫5龄；蛹为垂蛹。

触角极为细长，呈棒状

前翅狭长，长为宽的2倍

幼虫头上有突起，体节上有枝刺

别名：邮差蝴蝶、红色邮差蝴蝶 | 英文名：Postman butterfly | 翅展：70~78mm

分布：主要分布在中美洲至巴西南部

幽袖蝶

赏蝶季节：全年可见

赏蝶环境：树木高大的森林中

　　幽袖蝶的翅面颜色鲜艳，与其他物种互相拟态，起到保护作用。

形态　幽袖蝶是一种中型蝴蝶，前翅狭长，长为宽的2倍，基部为橘黄色或橙黄色，中部与端部大片区域为亮丽黑色，散布着白色斑点；后翅的大部分区域都是橘黄色或橙黄色，只是翅边有一条黑色的斑纹，翅边呈微微的波浪状，波谷处有白色的斑纹，无尾突。

头大，头、胸部为黑色，腹部为淡黄色

习性　**飞行**：速度较缓慢，常在开阔地带飞行与活动。**宿主**：西番莲属植物。**食物**：成虫喜访花，吸食花蜜，也以鸟类粪便为食。**栖境**：海拔1400m左右的树木高大的森林中。**繁殖**：卵生，经历卵—幼虫—蛹—成虫四个阶段。雌蝶常将卵单产在宿主植物的叶面上与嫩芽上，卵黄色，椭圆形，约1.9mm×0.9mm；幼虫5龄，头上有突起，体节上有枝刺，头橙色，身体白色，长约18mm；蛹为垂蛹。

翅反面的颜色更鲜艳

触角极为细长，呈棒状，顶端为白色

头部有白色斑点，胸部长有白色斑纹

白色斑点排列不规则，比较杂乱，黑白相间，颜色分明

别名：长翅虎蝶　｜　**英文名**：Tiger longwing　｜　**翅展**：70~90mm

分布：广泛分布在美洲的热带及亚热带地区，主要分布在从墨西哥到秘鲁的各地区

阿图袖蝶 ▶ 袖蝶科，袖蝶属 | 学名：*Heliconius atthis* Doubleday

阿图袖蝶

前翅亚外缘有一列白色斑点，
以2个为一组，中间有间隙

赏蝶季节： 不详

赏蝶环境： 不详

　　阿图袖蝶的翅面上斑纹颜色与形状十分漂亮，翅形圆润，飞行姿态十分优雅，给人以美的享受。

形态 阿图袖蝶是一种中型蝴蝶，头大，头、胸、腹部为黑色或深棕色，头部有白色的斑点，胸部和腹部长有黑色的绒毛和浅黄色的斑纹。前翅的翅面为深棕褐色，中部有几个白色斑纹；后翅的翅面为深棕褐色，翅边有一条细细的白线和一列白色斑点，亚外缘有一列暗红褐色的斑纹，中部有一个大的白色斑纹。

习性 **飞行：** 速度较缓慢，常在开阔地带飞行与活动。**宿主：** 西番莲属的植物等。**食物：** 成虫喜访花，吸食花蜜，也以鸟类粪便为食。**栖境：** 不详。**繁殖：** 卵生，经历卵—幼虫—蛹—成虫四个阶段。雌蝶常将卵单产在宿主植物的叶面上；幼虫5龄，头上有突起，体节上有枝刺；蛹为垂蛹。

触角极为细长，
呈棒状，顶端为
黑色

翅反面与正面大致相同，
只是颜色更鲜艳，且斑纹更清晰

别名： 假斑马长翅蝶 | **英文名：** False zebra longwing | **翅展：** 不详

分布： 厄瓜多尔

103

黄条袖蝶

赏蝶季节：全年可见

赏蝶环境：海平面到海拔1800m的热带开阔地带

黄条袖蝶的翅面上黑白相间，色彩鲜艳，反差强烈，异常明显，犹如斑马身上的斑纹，故也称"斑马长翅蝶"。

形态 黄条袖蝶中等大小，体形纤细，翅形狭窄，触角细长，头、胸、腹部为黑色，上面带有白色绒毛。前翅为黑色，上面有三条白色或黄白色斑纹；后翅也为黑色，基部有一条白色斑纹，后翅外缘与亚外缘处各有一列白色斑点，排列整齐。反面的斑纹与正面大致相同，只是斑纹颜色比较浅且有红色斑点。

第一条黄白色斑纹从基部发出，延伸到前翅后缘，第二条与第三条都从前缘延伸到后缘

后翅亚外缘处的白色斑点较大

习性 **飞行：**速度较缓慢，常大量群集在开阔地带。**宿主：**西番莲属植物。**食物：**成虫喜访花。**栖境：**海平面到海拔1800m的地方，夜晚会群宿在灌木丛中。**繁殖：**卵生，经历卵—幼虫—蛹—成虫四个阶段。卵为黄色或白色，半圆球形，有点像纺锤，大小约为1.2mm×0.8mm，雌蝶将卵单产在宿主植物的叶面上，通常也会放置1~5枚卵在宿主植物的生长芽上；幼虫5龄，常以西番莲属的植物为食，头上有突起，体节上有枝刺，成熟的幼虫呈白色，头为黑色、黄黑或黑白色，身体上有黑色斑点或条带，长度约1.2cm；蛹为垂蛹。

别名：斑马长翅蝶 **英文名：**Zebra longwing **翅展：**60~100mm

● **分布：**美国北部、委内瑞拉、秘鲁、大安的列斯群岛、小安的列斯群岛等地区

青衫黄袖蝶 ● 袖蝶科，袖蝶属 | 学名：*Heliconius cydno* Doubleday

青衫黄袖蝶

赏蝶季节：春、夏、秋季，3~11月
赏蝶环境：森林中，尤其是林地溪流边

青衫黄袖蝶的翅面上斑纹颜色与形状都十分漂亮，翅形圆润、优美，飞行姿态也十分优雅。

形态 青衫黄袖蝶体形中等，头大，头、胸、腹部为黑色，头部有白色斑点，胸部和腹部长有黑色绒毛，触角极细长，呈棒状，顶端为黑色。前翅狭长，长为宽的2倍，前翅翅面为深蓝色，中部有一条极宽的白色斑带，翅脉黑色，较明显；后翅翅面深蓝色，端部有2个白色斑点，翅边有一列白色斑纹。

习性 **飞行**：速度较缓慢，经常在开阔的地带飞行与活动。**宿主**：西番莲属的植物。**食物**：成虫喜访花，吸食花粉、花蜜等，也以鸟类粪便为食。**栖境**：森林中，雌蝶会栖在距离地面2~10m的树枝或植物卷须上。**繁殖**：卵生，经历卵—幼虫—蛹—成虫四个阶段。雌蝶常将卵单产在宿主植物的叶面上；幼虫5龄，常以西番莲属植物为食物，头上有突起，体节上有枝刺；蛹为垂蛹。

前翅白色斑带从前缘一直延伸到后缘，前宽后窄

前翅的反面为深棕色，中部有一条白色斑带，翅边还有一列白色斑点；后翅的反面为深棕色，上面有3条橘黄色斑纹，两侧的两条基本围成一个圆形，中间的一条十分模糊，端部有3个白色斑点，界限不明晰，翅边有一条白色线纹

别名：不详 | 英文名：Cydno longwing | 翅展：75mm

● 分布：墨西哥的北部以及美国的南部等地区

海神袖蝶 ▶ 袖蝶科，袖蝶属 | 学名：*Heliconius doris* L.

海神袖蝶

赏蝶季节： *春、夏、秋季，3~11月*
赏蝶环境： *海拔1200m的林中空地*

海神袖蝶翅面上的斑纹颜色鲜艳，异常明亮，翅形圆润，身形优美，深得人们的喜爱。

形态 海神袖蝶是一种中型蝴蝶，头大，头、胸、腹部为黑色，头部有白色斑点，胸部和腹部有黑色绒毛和白色斑纹；触角极细长，呈棒状，顶端为黑褐色。前翅狭长，长为宽的2倍，前翅翅面为黑色或黑褐色，基部有红色斑纹，中部有一个白色斑纹；后翅翅面为黑色或黑褐色，基部与中部大片区域为亮红色。

习性 **飞行：** 速度较缓慢，常在开阔的地带飞行与活动。**宿主：** 通常为西番莲属的植物等。**食物：** 成虫喜访花，吸食花蜜，常以马缨花等为蜜源植物。**栖境：** 海拔1200m的林中空地。**繁殖：** 卵生，经历卵—幼虫—蛹—成虫四个阶段。雌蝶通常将卵单产在宿主植物的叶面上；幼虫5龄，主要取食西番莲属的植物，其头上有突起，体节上有枝刺；蛹为垂蛹。

后翅外缘有一列白色斑点

前翅端部亚外缘区有2个白色斑点，界限不明晰

蓝色种后翅翅面上的斑纹为蓝色，与红色种相比斑纹面积较小，其他均与红色种一致

别名： 多丽丝长翅蝶 | **英文名：** Doris longwing | **翅展：** 80mm

▶ **分布：** 从美国中部到亚马孙等地区

艺神袖蝶

赏蝶季节：夏、秋季，6月和8~9月
赏蝶环境：热带、亚热带森林及其边缘

艺神袖蝶的斑纹颜色鲜艳，与翅面的颜色形成鲜明的对比，翅形圆润，身形优美。

形态 艺神袖蝶是一种中型蝴蝶，头大，头、胸、腹部为黑色，头部有白色斑点，胸部和腹部长有黑色绒毛；触角极细长，呈棒状，顶端

还有一种类型，前翅翅面为黑色，中部有一条亮红色斑带，较粗，从前缘一直延伸到后缘；后翅翅面黑色，靠近前端有一条白色斑带

黑色。前翅狭长，长为宽的2倍，前翅基部为橘黄色或橙黄色，中部与端部黑色，上面散布着黄白色或浅黄色斑纹；后翅棕色或黄棕色，基部发出六条橘黄色或橙黄色斑纹，呈分散状。

习性 **飞行**：速度较缓慢，常在开阔地带飞行与活动。**宿主**：西番莲属的植物等。**食物**：成虫喜访花，吸食花粉、花蜜等，也以鸟类粪便为食。**栖境**：海拔0~1800m的原始森林及草原中。**繁殖**：卵生，经历卵—幼虫—蛹—成虫四个阶段。雌蝶常将卵单产在宿主植物的叶面上；幼虫5龄，头上有突起，体节上有枝刺；蛹为垂蛹。

翅反面与正面的颜色与斑纹大致相同，只是反面的颜色深一些

前、后翅比较圆钝

别名：红邮差蝶 | 英文名：Red postman | 翅展：55~80mm

分布：委内瑞拉、巴西

艺神袖蝶

羽衣袖蝶　　　　袖蝶科，袖蝶属　|　学名：*Heliconius numata Cramer*

羽衣袖蝶

赏蝶季节： 全年可见

赏蝶环境： 热带森林、林缘

　　羽衣袖蝶的翅面颜色鲜艳，斑纹也十分漂亮，整个翅膀如霓裳羽衣一般，为了形容它的美丽，将其称为羽衣袖蝶。

后翅反面为橙黄色，中部有一列黑色斑点，翅边有一条深褐色的斑带

[形态] 羽衣袖蝶是一种中型蝴蝶，头大，头、胸、腹部为黑色，头部有白色的斑点，胸部长有黑色的绒毛，腹部细长；触角极为细长，呈棒状，顶端为黑色。前翅狭长，长为宽的2倍，前翅的基部与中部为橙红色，翅脉黑色，中室内有一个黑色斑点，端部为黑色，上面有3~4个白色或浅黄色斑点，翅后缘处还有一条黑色斑带；后翅基部为橙黄色，中部与端部大片区域为黑色，顶端有2个白色或浅黄色斑点。

[习性] **飞行：** 速度较缓慢，常在开阔地带飞行。**宿主：** 西番莲属植物。**食物：** 成虫喜访花，尤喜欢红色和橙色花，主要吸食花粉、花蜜等，也以鸟类粪便为食。**栖境：** 植被茂盛的热带森林及草原中。**繁殖：** 卵生，经历卵—幼虫—蛹—成虫四个阶段。雌蝶常将卵单产在宿主植物的叶面上；幼虫5龄，常以西番莲属植物为食，头上有突起，体节上有枝刺；蛹为垂蛹。

前翅反面基部为橙黄色，中部为淡黄色，翅脉为褐色，中室内有2个黑色斑点，端部近二分之一的区域为棕褐色

別名：不详 | 英文名：Numata longwing | 翅展：70~75mm

分布：美国南部

白裳蓝袖蝶

赏蝶季节： 全年可见

赏蝶环境： 海拔0~2000m的山地密林

白裳蓝袖蝶的翅面上透明的区域被形容为白裳，深蓝色的区域被形容为蓝袖，故得名。

形态 白裳蓝袖蝶是一种中型蝴蝶，头大，头、胸、腹部为黑色，头部有白色的斑点，胸部长有黑色绒毛；触角极细长，呈棒状，顶端黑色。前翅狭长，长为宽的2倍，基部约二分之一区域为深蓝色，中部有一大片透明区域，脉纹黑色，端部呈黑色；后翅翅面基本全部为深蓝色，没有斑纹，前缘有一条棕色斑带。前翅反面为深棕褐色，斑纹与正面大致相同；后翅反面基部有几个红色斑纹，颜色十分明显，翅面为深棕褐色，同样没有斑纹。

习性 **飞行：** 速度较缓慢，常在开阔地带飞行与活动。**宿主：** 西番莲属的植物等。**食物：** 成虫喜访花，吸食花粉、花蜜等，也以鸟类粪便为食。**栖境：** 海拔0~2000m的山地密林中。**繁殖：** 卵生，经历卵—幼虫—蛹—成虫四个阶段。雌蝶常将卵单产在宿主植物的叶面上，卵为黄白色，椭圆形；幼虫5龄，身体为黑色，头上有突起，体节上有枝刺；蛹为垂蛹，颜色为淡黄色至浅棕色。

闪烁着蓝色天鹅绒般的光泽

别名： 白裳蓝毒蝶 | **英文名：** Sapho longwing | **翅展：** 76~84mm

分布： 南美洲的安第斯山脉以西以及美国的中部到厄瓜多尔

拴袖蝶 | 袖蝶科，袖蝶属 | 学名：*Heliconius sara* Fabricius

拴袖蝶

赏蝶季节： 全年大部分时间可见

赏蝶环境： 热带雨林中以及林缘的空地

雄性拴袖蝶一旦发现了雌蝶的蛹，就会一直等待它化成蝶，十分有耐心。

触角极细长，呈棒状，顶端为黑色

形态 拴袖蝶是一种中型蝴蝶，头大，头、胸、腹部为黑色，头部有白色斑点，胸部和腹部长有深蓝色绒毛。前翅狭长，长为宽的2倍，前翅基部约三分之一区域为深蓝色，中部与端部约三分之二的区域为黑色，中部有一条白色横带，较粗，从前缘一直延伸到后缘，端部也有一条白色横带，较细；后翅基部深蓝色，其他部分黑色，无尾突。前翅反面为深棕褐色，斑纹颜色及形状与正面大致相同；后翅反面也为深棕褐色，基部有几个亮红色的斑纹，没有其他斑点。

闪烁着蓝色天鹅绒般的光泽

习性 **飞行：** 速度较缓慢，常在开阔地带飞行与活动。**宿主：** 西番莲属的植物等。**食物：** 成虫喜访花，吸食花粉、花蜜等，常以马缨丹等为蜜源植物，也以鸟类粪便为食。**栖境：** 海平面到海拔1500m的热带雨林中及林缘空地中。**繁殖：** 卵生，一年可发生多代，世代重叠，经历卵—幼虫—蛹—成虫四个阶段。雌蝶常将卵集中产在宿主植物的叶面上，卵为黄色，一个叶片上有10~50枚卵；幼虫5龄，常以西番莲属植物为食，头上有突起，体节上有枝刺；蛹为垂蛹；成虫寿命为2~3个月。

后翅翅边呈微波状，带有黄白色斑纹

别名：不详 | 英文名：Sara longwing | 翅展：55~60mm

分布：从墨西哥到亚马孙盆地以及巴西的南部等地区

黄斑扇袖蝶

赏蝶季节： 全年可见

赏蝶环境： 海平面到海拔1500m的森林边缘

黄斑扇袖蝶翅面上的斑纹为橘黄色或橙黄色，后翅基部发出多条细斑纹，像扇子的扇脉一样，故得其名。

形态 黄斑扇袖蝶是一种中型蝴蝶，头大，头、胸、腹部为黑色，头部有白色斑点，腹部前面有淡黄色斑纹；触角极细长，呈棒状，顶端黑色。前翅狭长，长为宽的2倍，基部橙红色，脉纹黑色，十分明显，中部有4个淡黄色斑点，依次排列，连成一条斑带，中间以脉纹隔开，中部与端部为黑色；后翅翅面也为黑色，上面有8~9条橙红色细斑纹从基部发出。

习性 **飞行：** 速度较缓慢，常在开阔地带飞行与活动。

宿主： 西番莲属的植物等。**食物：** 成虫喜访花，吸食花粉、花蜜等，也以鸟类粪便为食。**栖境：** 海平面到海拔1500m的森林边缘。**繁殖：** 卵生，经历卵—幼虫—蛹—成虫四个阶段。雌蝶常将卵散产在宿主植物的叶面上，一个叶片上有10~40枚卵，黄色；幼虫5龄，身体黑黄色，头上有突起，体节上有枝刺；蛹为垂蛹。

前翅的反面颜色比较淡，为暗褐色，基部为橘黄色，中部有4个淡黄色斑点连成一条斑带

后翅的反面为暗褐色，有8~9条橘黄色细斑纹，也从基部发出

别名： 黄斑扇毒蝶 ｜ **英文名：** Macular butterfly ｜ **翅展：** 90mm

◐ ｜ **分布：** 亚马孙盆地

PART 3
116~135页

粉蝶

宽边黄粉蝶 | 粉蝶科，黄粉蝶属 | 学名：*Eurema hecabe* L.

宽边黄粉蝶

赏蝶季节：全年可见
赏蝶环境：树林中向阳的地方

宽边黄粉蝶通体为黄色，在阳光下翩翩起舞或停落在地上时，就像一片银杏叶，十分漂亮。

形态 宽边黄粉蝶的翅呈深黄色或黄白色，前翅外缘处有一条黑色宽带，从前角一直延伸到后角；后翅呈不规则的圆弧形，颜色比前翅略浅一些，外缘处也有一条黑色的宽带，只是比较窄且界限十分模糊。雄蝶与雌蝶的斑纹大致相同，只是雄蝶的斑纹颜色深一些。

习性 **飞行：**速度较缓慢，但是警惕性高，极难接近。**宿主：**积雪草（铁扫帚）、马缨花、黑荆、胡枝子、火力楠、凤凰木、山扁豆、铁力木、格木等植物。**食物：**成虫喜访花吸蜜。**栖境：**通常生活在树林中向阳的地方。**繁殖：**卵生，一年可发生多代，世代重叠，经历卵—幼虫—蛹—成虫四个阶段。卵为白色或乳白色，形状像一粒竖立的大米，雌蝶将卵散产于宿主植物的叶面上，叶片的正面反面都产，就像蜻蜓点水般地产很多，卵期约3天；幼虫为翠绿色，分为5龄，幼虫期为15天左右，以幼虫越冬，而老熟的幼虫多在黑荆小枝上化蛹；蛹为淡绿色，蛹期为7~8天。

翅的反面布满褐色的小斑点，前翅的中室内有2个斑纹；后翅的反面有许多分散的点状斑纹，并且中室的端部有一个肾形的斑纹

别名：蝶黄蝶、荷氏黄蝶 | 英文名：Common grass yellow | 翅展：40~50mm

分布：东亚、东北亚、东南亚、南亚和中国浙江、广东、广西、福建、台湾、北京

钩粉蝶 ● 　粉蝶科，钩粉蝶属　| 学名：*Gonepteryx rhamni* L.

钩粉蝶

赏蝶季节：春、夏季，2~8月
赏蝶环境：海拔2500m以下的树林、灌木地区

钩粉蝶是每年最早出现的蝴蝶之一，冬眠期较短，在有些地区2月便结束了冬眠，且雄性的冬眠期短于雌性，适应环境的能力也较雌性强。它是蝴蝶中寿命最长的，成虫阶段达9~10个月。它的翅面呈淡黄色，接近于黄油的颜色，所以有人认为英语中的蝴蝶（butterfly）一词便来源于该蝴蝶的黄油色彩（butter黄油，fly飞行）。

形态 钩粉蝶的触角和触须呈粉褐色；雄蝶的翅面呈浓黄色，前、后翅的顶角突出，呈钩状，前、后翅的中室端部各有1个橙黄色斑点；雌蝶的翅面颜色较雄蝶的淡一些，前、后翅的中室端部各有1个橙黄色斑点。

习性 **飞行**：速度慢，飞行姿态优美，喜欢在阳光下翩翩起舞。**宿主**：鼠李属的植物。**食物**：成虫以花蜜为食，摄食的对象较广泛，包括蒲公英、樱草、夏枯草和风信子的花朵等。**栖境**：海拔2500m以下的树林、灌木地区。**繁殖**：卵生，经历卵—幼虫—蛹—成虫四个阶段。雌蝶将卵直接产在鼠李属植物的叶片上，每年产卵一次；幼虫以鼠李的叶片为食；卵期约10天，幼虫期约30天，蛹期约14天。

翅膀颜色和花朵很接近；当钩粉蝶冬眠时，其翅膀的颜色、形态与常青藤、冬青、树莓叶等植物都很接近，因此会起到很好的保护作用

幼虫青绿色，纤长，表面有细小黑点

别名：圆翅钩粉蝶、尖钩粉蝶 | 英文名：Common brimstone | 翅展：58~65mm

● 分布：欧洲、北美、日本、朝鲜和中国东北、西北、北京至江浙、云南、四川、福建、湖北

报喜斑粉蝶　　粉蝶科，斑粉蝶属　| 学名：*Delias pasithoe* L.

报喜斑粉蝶

赏蝶季节： 全年可见，10月至次年3月较常见

赏蝶环境： 森林公园、乡间小路等地

报喜斑粉蝶的翅面上散布着红色、黄色和白色的斑点，且成虫多在春天飞舞，似报春花，故得其名。

形态 报喜斑粉蝶的头、胸部呈灰黑色，腹部呈灰白色；前翅翅面为灰黑色或黑色，正面中部的翅室里有一列界限模糊的灰白色长条卵形斑，亚外缘处有一列灰白色的小斑纹，前翅反面的斑纹跟正面基本一致；后翅的翅面呈红色，中间部分为灰白色，这片灰白色被黑色的翅脉分割，外缘为一圈黑色，上面散布有白色的斑点，内缘的臀区为黄色。

习性 **飞行：** 速度较缓慢，姿态优美，喜欢在阳光下翩翩起舞。**宿主：** 目前已知的宿主有11种，其中桑寄生科的8种、檀香科的2种、大戟科的1种，如桑寄生科的大叶桑寄生、毛叶钝果寄生、木兰寄生和高雄钝果寄生等植物。**食物：** 成虫喜访马缨丹的花和多种野生花卉，有时也从烂果或动物粪便上补充营养。**栖境：** 树林中。**繁殖：** 卵生，一年可发生6代，经历卵—幼虫—蛹—成虫四个阶段。卵刚开始时为黄白色，带有光泽，后逐渐变为灰黄色甚至暗灰色，快孵化时透过顶部可见卵内的黑色幼体。雌蝶一般将卵产在宿主植物叶片的正面、背面或枝干上；幼虫5龄；卵期7~8天，幼虫期18~20天，蛹期6~8天。

后翅反面的基部为红色，中间部分至亚外缘区有多个大型的黄色斑点

别名：红肩粉蝶、艳粉蝶、基红粉蝶、藤粉蝶 | 英文名：Red-base jezebel | 翅展：70~90mm

分布：菲律宾、缅甸、泰国、印度、印尼和中国云南、福建、海南、广东、广西、香港、台湾

优越斑粉蝶

赏蝶季节： *夏季，6~8月*
赏蝶环境： *城市边缘，森林地区*

优越斑粉蝶的翅面十分漂亮，颜色鲜艳，较其他蝴蝶来说，更受人们的喜爱，故名"优越"。

形态 优越斑粉蝶的前翅为灰白色，翅脉为黑色或灰黑色，十分清晰；后翅的翅面为灰白色与浅黄色相间，外缘处为橙黄色，翅脉黑色。印度亚种的雄蝶前翅正面的顶角较黑，后翅外缘带较窄，反面的黄色区域较小；雌蝶的翅面极度黑化，前翅的反面中室内有纵纹且十分明显，后翅的反面基半部为橙黄色；台湾亚种雄蝶的前翅顶角黑化，后翅外缘有一条黑带，反面的黄色区域很小，雌蝶的前翅为黑色，后翅的外缘带较宽；华南亚种雄蝶的前翅正面顶角的颜色较淡，后翅正面无外缘的黑带，反面的黄色区域较大；雌蝶的前翅颜色较淡，后翅反面的基半部为鲜黄色。

习性 **飞行：** 速度较缓慢，且飞行路线不规则。**宿主：** 桑寄生科的植物。**食物：** 成虫喜访花，嗜食花粉、花蜜、植物汁液等。**栖境：** 通常生活在城市边缘与森林地区。**繁殖：** 卵生，经历卵—幼虫—蛹—成虫四个阶段。卵为乳白色或黄白色，呈椭球形，卵期2~3天；幼虫5龄，身体为浅橙色，群居；蛹期约9天。

优越斑粉蝶有多个亚种，且各亚种的差异较大

幼虫黄色，头尾黑色，身上长满白色长毛

别名：白艳粉蝶、红纹粉蝶 ｜ 英文名：Painted jezebel ｜ 翅展：75mm

分布： 印尼、印度、越南、泰国、老挝、菲律宾和中国广东、广西、云南、香港、海南、台湾

艳妇斑粉蝶　　粉蝶科，斑粉蝶属　｜　学名：*Delias belladonna* Fabricius

艳妇斑粉蝶

赏蝶季节：夏季，5~7月

赏蝶环境：潮湿的环境，树荫下

艳妇斑粉蝶的翅面上散布着白色和黄色斑点，与黑色的底色相衬，有一股妖艳的感觉，故得名"艳妇"。

形态 艳妇斑粉蝶的翅面为黑色，前翅上散布着白色和黄色斑点，但斑纹轮廓模糊不清，亚外缘处和中部各有1列卵形的白色斑纹；后翅各翅室的斑纹为黄色，肩部有1个大型的卵状黄色斑纹，臀区的前半部为白色，后半部为黄色，亚外缘处及翅中有白色斑纹。与雌蝶相比，雄蝶的后翅正面臀角处的黄色斑纹比较完整，且一直延伸到臀角的翅缘处。

习性 **飞行：**速度较缓慢，喜欢在树荫下飞舞。**宿主：**桑寄生科的短梗钝果寄生等植物。**食物：**成虫喜访花，嗜食花粉、花蜜、植物汁液等，雌蝶以访花补充营养，雄蝶则喜欢在潮湿地区吸水。**栖境：**树林中比较潮湿的地方。**繁殖：**卵生，1年只发生1代，经历卵—幼虫—蛹—成虫四个阶段。卵为黄色，弹头形，雌蝶将卵集中产于宿生植物桑寄生科的叶背面，形成卵块，有的卵块有300多粒卵，卵期8~12天；幼虫5龄，以4龄幼虫越冬，5龄幼虫从4月份开始化蛹，幼虫期约10个月；蛹期20~35天；成虫寿命约半个月。

喜欢潮湿的地方，也喜欢到溪流边、水源处活动

别名：不详　｜　**英文名：**Hill jezebel　｜　**翅展：**80mm

分布：东南亚、南亚和中国云南、西藏、陕西、湖北、浙江、江西、福建、广东、台湾

绢粉蝶

赏蝶季节：夏季，5~8月
赏蝶环境：溪边潮湿的地方

绢粉蝶通体呈灰白色，半透明，就像白绢一般，故得其名。

形态 绢粉蝶的腹部呈黑色，头、胸部及足呈淡黄色至灰白色，触角的端部为淡黄色；前、后翅的翅面都为白色，翅脉为黑色，前翅上有鳞粉，呈灰白色；后翅呈半透明状，鳞粉较前翅略厚。翅的反面与正面大致相同。

.后翅的反面中部常散布着一层淡灰色的鳞毛

习性 **飞行**：速度不快，较缓慢，姿态优美，喜欢翩翩起舞。**宿主**：蔷薇科的山杏、梨、苹果、桃等经济作物。**食物**：成虫喜访花，喜食花粉、花蜜、植物汁液等，常聚集在溪边潮湿地表吸水。**栖境**：树林中潮湿处。**繁殖**：卵生，1年发生1~3代，经历卵—幼虫—蛹—成虫四个阶段。卵初产时为乳黄色，后来变为灰黄色，孵化前变成半透明状；雌蝶单次产卵可达200~500粒；幼虫5龄，初期以宿主植物的花芽和叶芽为食，后取食花蕾、叶片及花瓣，幼虫期21~26天，以幼虫越冬；蛹分黑型蛹和黄型蛹，老龄幼虫会在距离宿主植物较远的地方化蛹，蛹期15~22天。

雌、雄两性差异不大，只是雌蝶的体形较大，而雄蝶较瘦小

别名：白绢蝶、梅白蝶、树粉蝶、苹果白粉蝶 | **英文名**：Black-veined white | **翅展**：63~73mm

分布：西欧、俄罗斯、朝鲜、日本、北非和中国青海、湖南、东北、河北、宁夏、北京、陕西

菜粉蝶 ▶ 粉蝶科，粉蝶属 | 学名：*Pieris rapae* L.

菜粉蝶

前翅顶角处有一个大的三角形黑色斑点

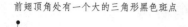

赏蝶季节：*春、夏、秋季，4~10月*
赏蝶环境：*潮湿向阳的溪边、灌丛、花丛*

菜粉蝶性寒味苦，有较高药用价值，据《中国药用动物志》记载，它主治跌打损伤，有消肿止痛之功。

形态 菜粉蝶体呈黑色，胸部密布着白色及灰黑色长毛；翅面白色，前翅前缘和基部大部分为黑色，中室的外侧有2个黑色的圆斑；后翅的基部呈灰黑色，前缘处有1个黑斑，前、后翅展开时与前翅后方的黑斑相连接。

习性 飞行：速度较缓慢，成虫喜欢在白昼强光下飞翔，且终日在花间飞舞。**宿主**：主要为十字花科、菊科、旋花科等9科植物，危害十字花科蔬菜，尤以芥蓝、甘蓝、花椰菜等受害比较严重。**食物**：成虫喜访花，嗜食花粉、花蜜、植物汁液等。**栖境**：灌木丛中。**繁殖**：卵生，1年可发生多代，经历卵—幼虫—蛹—成虫四个阶段。卵初产时为淡黄色，后逐渐变为橙黄色，竖立在十字花科植物的叶背面；雌蝶每次产一粒卵，边飞边产，少则产20粒，多则产500粒；幼虫5龄；蛹有绿色、淡褐色、灰黄色等，呈纺锤形，以蛹越冬。

幼虫初为灰黄色，后为青绿色，食甘蓝、花椰菜、白菜、萝卜、油菜等十字花科蔬菜

别名：菜白蝶，幼虫又名菜青虫 | **英文名**：Small white | **翅展**：45~55mm

分布：整个北温带，包括美洲北部一直到印度的北部以及中国的大部分地区

暗脉菜粉蝶

赏蝶季节：春、夏季，4~8月

赏蝶环境：田间、草地、灌木丛与林间空地等开阔地带

暗脉菜粉蝶的翅面为白色，翅脉为暗褐色，非常清楚，因此又被称为"暗脉粉蝶""褐脉粉蝶"。

触角细长，呈钩状

形态 暗脉菜粉蝶是一种中型蝴蝶，头、胸部为黑色，上面长有黑色绒毛，腹部正面也为黑色，而背面为白色或乳白色。翅面白色，上面没有红色或黄色斑点；前翅大致为三角形，脉纹黑色，极细，顶角处散布有灰黑色鳞片，中室的端部有一个灰黑色斑点，无亚缘带；后翅为白色或灰白色，翅脉为极细的黑色，正面没有斑纹，反面的脉纹边缘为黑色。

习性 **飞行**：速度较缓慢，且飞行路线不规则。**宿主**：幼虫以十字花科的碎米荠、芥菜、蔊菜、南芥菜等为宿主植物。**食物**：成虫喜访花，喜食花粉、花蜜、植物汁液等。**栖境**：常于田间、草地、灌木丛与林间空地等开阔地带栖息与活动。**繁殖**：卵生，1年可发生多个世代，可以世代重叠，经历卵—幼虫—蛹—成虫四个阶段。雌蝶将卵单产于宿主植物的叶面上；幼虫5龄，体色单一，为绿色或黄色，身体上有黄色或白色的纵纹；蛹为缢蛹，且以蛹越冬。

别名：暗脉粉蝶、淡纹粉蝶、蓴蝶、褐脉粉蝶 | 英文名：Green-veined white | 翅展：45~60mm

分布：广泛分布于欧洲、亚洲与美国北部

欧洲粉蝶

赏蝶季节：夏、秋季，5~8月

赏蝶环境：农地、草原及公园

　　欧洲粉蝶的翅面颜色典雅大气，给人以愉悦的感受。

雌蝶翅反面的顶端及后翅都呈赭黄色，而不是像雄蝶的赭褐色，前翅顶端的黑色斑点也较大

形态 欧洲粉蝶的触角是黑色的，顶端呈白色，头部、口器及腹部为黑色，并带有白色绒毛。雄蝶和雌蝶差异较大，雄蝶的翅面是奶白色，前翅基部及前缘有黑色斑纹，翅边端部也有一片黑色区域；后翅基部黑色，顶端前有一个大的黑色斑点。雌蝶的前翅与雄蝶大致相同，但基部的黑色鳞片较长，且顶端及末端的黑色范围较广阔，翅面的黑色斑点较大并且比较明显；后翅顶端下的黑色斑点较大。

习性 **飞行：**速度较缓慢，但飞行力强，可以飞到很远处。**宿主：**芸薹属的植物。**食物：**成虫喜访花吸蜜。**栖境：**农地、草原及公园。**繁殖：**卵生，经历卵—幼虫—蛹—成虫四个阶段。1年可发生2代，第一代发生在5~6月，第二代发生在8月。雌蝶将卵产在芸薹属的植物上，每次产20~100颗黄色卵；蛹为黄绿色，上面有黑色的斑点，以蛹过冬。

幼虫呈黄绿色，带黄线及黑色斑点，喜欢不同的甘蓝变种，如卷心菜等，会成群地在宿主植物叶面上吃食，并会分泌难闻的化学物质来驱赶掠食者

别名：不详 ｜ **英文名：**Large white ｜ **翅展：**45~50mm

分布：欧洲、北非及亚洲至喜马拉雅山

橙粉蝶

赏蝶季节：夏、秋季，6~10月

赏蝶环境：热带半落叶季雨林、常绿季雨林、山地雨林

Pyrene为神话中Danaus王的女儿，用以赞美此蝶的美丽与贵族气质，而中文名则用蝴蝶的特征来命名。

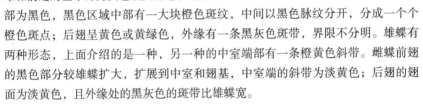

形态 橙粉蝶的头、胸、腹部为黑色，并长有灰黑色绒毛。此蝶为雌、雄异型，雄蝶前翅的基半部为黄色或黄绿色，端半部为黑色，黑色区域中部有一大块橙色斑纹，中间以黑色脉纹分开，分成一个个橙色斑点；后翅呈黄色或黄绿色，外缘有一条黑灰色斑带，界限不分明。雄蝶有两种形态，上面介绍的是一种，另一种的中室端部有一条橙黄色斜带。雌蝶前翅的黑色部分较雄蝶扩大，扩展到中室和翅基，中室端的斜带为淡黄色；后翅的翅面为淡黄色，且外缘处的黑灰色的斑带比雄蝶宽。

习性 **飞行**：速度较缓慢，且飞行路线不规则。**宿主**：白花菜科的广州槌果藤、青皮刺、加罗林鱼木等植物。**食物**：成虫喜访花，食花粉、花蜜、植物汁液等。**栖境**：热带半落叶季雨林、热带常绿季雨林与热带山地雨林中。**繁殖**：卵生，经历卵—幼虫—蛹—成虫四个阶段。雌蝶将卵单产于宿主植物的叶面上；幼虫5龄，常以白花菜科的广州槌果藤、青皮刺、加罗林鱼木等植物为食，幼虫的形状为圆柱形，体色单一，为绿色或黄色，身体上有黄色或白色纵纹；蛹为缢蛹，且以蛹越冬。

翅面上橙、黄、黑、白相间，色彩简单却明艳

别名：不详 | 英文名：Yellow orange tip | 翅展：50~55mm

分布：东南亚、南亚和中国海南、广东、广西、云南、福建、台湾、江西等地

125

迁粉蝶

赏蝶季节：夏、秋季，6~10月
赏蝶环境：热带季雨林、山地雨林

迁粉蝶的体翅皆为淡黄色，给人一种纤弱娇柔的感觉，因此又被称为"淡黄蝶""浅纹淡黄粉蝶"等。

形态 雄性迁粉蝶的前、后翅基半部为黄色，端半部为黄白色，前翅正面无斑点，反面有1个眼状斑纹，翅顶角边缘处呈黑褐色；后翅正面也没有斑点，反面有2个大小不一的眼状斑纹，有的眼斑带有银白色闪光。雌蝶的翅面呈橘黄色，后翅翅面的斑纹类似于雄蝶，有的后翅反面有1个血色的齿状大斑，有的则没有任何斑纹。

习性 **飞行：**极为迅速。**宿主：**决明属、紫矿、阿勃勒、羊蹄甲属、紫檀、田菁属等植物。**食物：**成虫喜欢访花，雄蝶常于溪边湿地集群吸水。**栖境：**热带半落叶季雨林、热带常绿季雨林、热带山地雨林与山顶苔藓矮林的林缘开阔地。**繁殖：**卵生，1年可发生多代，世代重叠。幼虫5龄，绿色，头圆形，取食苏木科的腊肠树等植物；蛹为缢蛹，且以蛹越冬。

● 迁粉蝶的斑纹变异较大，具有多种类型，雄蝶分银纹型及无纹型，雌蝶则分血斑型、银纹型及无纹型

别名：果神蝶、淡黄蝶、银纹淡黄粉蝶、铁刀木粉蝶 **英文名：**Common emigrant | **翅展：**35~55mm

分布：日本、印度、缅甸、泰国、越南、马来西亚和中国海南、广东、广西、云南、福建、台湾、四川

梨花迁粉蝶

赏蝶季节： 全年可见

赏蝶环境： 热带稀树草原、季雨林、阔叶
林、混交林和针叶林亚区

梨花迁粉蝶前、后翅的反面布满赭色的
细纹，这些细纹状似梨花，因而以梨花命名。

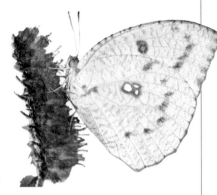

形态 雄性梨花迁粉蝶的翅面呈白色或粉
绿色，前翅的前缘、外缘及顶角处为黑色斑
带，不同的类型黑色斑带的宽窄不同，前翅
的中室端脉有1个黑色的斑点，前翅的其余
部分与后翅皆为白色。雌性梨花迁粉蝶的前后翅翅面为淡黄色，前翅的前缘、外
缘及顶角处为黑色斑带，有的亚外缘处灰黑色的区域内有3个横排的白色斑点，中
室端脉有1个黑色的大圆斑和1个黑色的小斑点，反面的该区域处为桃红色或黑褐
色的眼斑；后翅的中室端部有1~3个大小不等的眼
斑，或明显或模糊，前后翅的反面均布满了赭色
的细纹。

习性 **飞行：** 极迅速，喜爱高速飞行，较难
接近。**宿主：** 决明属的植物。**食物：** 成虫
喜欢访花，喜食花粉、花蜜、植物汁液
等。**栖境：** 热带稀树草原、热带半落
叶季雨林、亚热带中山常绿阔叶林、
混交林和针叶林亚区。**繁殖：** 卵生，
1年可发生多代，经历卵—幼虫—
蛹—成虫四个阶段；幼虫取食苏木
科的黄槐、腊肠树等；蛹期约7天。

梨花迁粉蝶反面密布褐色细线，
而迁粉蝶没有，旱季型的梨花迁粉
蝶会比湿季型的有较多斑点

别名： 梨花粉蝶、果神粉蝶 | **英文名：** Mottled emigrant | **翅展：** 60~70mm

分布： 斯里兰卡、不丹、尼泊尔、澳大利亚和中国云南、贵州、四川、广西、江西、西藏、台湾

迁粉蝶

鹤顶粉蝶

云粉蝶

赏蝶季节： 夏、秋季，6~10月

赏蝶环境： 田间、草地、灌木丛与林间空地

云粉蝶虽然有多个亚种，但翅面上都有花纹状的斑纹，就像天空中的云朵一样，故得名。

形态 云粉蝶各亚种的差异较大。

黑龙江亚种：翅面为淡黄白色，翅面上散布着黄褐色斑纹，前后翅的反面颜色左右不对称，一侧呈棕黄色，一侧呈灰褐色。乌苏里亚种：个体大一些，翅面斑纹为黑色，后翅反面的绿色偏黄，并散布着黑色鳞粉。青藏亚种：前后翅的翅面呈白色，上面斑纹为黑色，后翅反面为黄褐色，掺杂着黑色斑点。新疆亚种：个体稍小，翅面为黄白色，斑纹呈黄褐色，后翅的反面为黄绿色，但颜色要淡一些。

习性 **飞行：** 速度较缓慢，且飞行路线不规则。**宿主：** 萝卜、白菜、甘蓝、油菜、荠菜等十字花科蔬菜及豆科牧草等植物。**食物：** 成虫喜访花，食花粉、花蜜、植物汁液等。**栖境：** 田间、草地、灌木丛与林间空地等。**繁殖：** 卵生，经历卵—幼虫—蛹—成虫四个阶段。雌蝶将卵单产于宿主植物的叶面上；幼虫5龄，常以十字花科蔬菜及豆科牧草为食；蛹为缢蛹，且以蛹越冬。

分布广泛的著名害虫，会危害萝卜、白菜、甘蓝、油菜、荠菜等十字花科蔬菜及豆科牧草

翅膀上白色和黄绿色斑点相间，边缘皆不清晰，像云朵

别名：云斑粉蝶、花粉蝶、斑粉蝶 | 英文名：Bath white | 翅展：35~55mm

分布：北非、西亚、中亚、西伯利亚和中国大部分地区

鹤顶粉蝶

赏蝶季节：*3~12月都可以观赏到，以10~12月居多*

赏蝶环境：*园林、村边及丘陵，有宿主植物分布的地方*

鹤顶粉蝶是粉蝶中飞行最快的蝶种，其前翅顶端的红斑特别引人注目，就像鹤头顶上的红色一样鲜艳，故得其名。

形态 鹤顶粉蝶是我国粉蝶中体形最大的一种。雄蝶的翅面呈白色，前翅的前缘、外缘的二分之一处至外缘后角处有黑色锯齿状斜纹，端部有一个三角形赤橙色斑纹；后翅外缘脉端有黑色箭头纹，其他地方为白色。雌蝶的翅面为黄白色，上面散布有黑色鳞粉，后翅的外缘有一列黑色箭头纹。反面前翅的端半部和后翅布满褐色细纹。

习性 **飞行**：速度较快，较难捕捉。**宿主**：白花菜科的广州槌果藤，也以园林绿化的鱼木为宿主。**食物**：成虫喜访花，食多种花蜜。**栖境**：林区和丘陵地区。**繁殖**：卵生，1年可发生多代，经历卵—幼虫—蛹—成虫四个阶段。卵为浅黄色或橙黄色，雌蝶将卵散产于宿主植物的叶面上；幼虫5龄，取食鱼木和广州槌果藤，幼虫期约20天；蛹有金黄色和鲜绿色，蛹期2~3天。

赤橙色斑纹被黑色的脉纹分割成一个个的斑点，赤橙色区域的各室内都有1个黑色的箭头纹

别名：赤顶粉蝶、红襟粉蝶 | **英文名**：Great orange tip | **翅展**：75~110mm

分布：印度、缅甸、不丹、尼泊尔、印尼、菲律宾和中国福建、广东、广西、云南、海南

襞黄粉蝶

赏蝶季节： 春、夏、秋季

赏蝶环境： 低、中海拔热带雨林

襞黄粉蝶的体翅皆亮黄色，被称为亮色黄蝶，因多在台湾出现，亦被称作台湾黄蝶。

形态 襞黄粉蝶的复眼为黑褐色，触角为黑色，腹部有不连续的白色小斑点，头部长有橙黄色绒毛。雄蝶的翅面为黄色或柠檬黄色，前翅前缘、顶角处及外缘呈黑色，有黑色的斑带；后翅的外缘有一圈黑色斑带，臀角处有一个黑色斑点。前后翅的反面中室端均有1个长形的斑纹，前翅反面的中室内有3个波浪形斑纹，中室两侧有长条形性斑，顶角处会有褐色的斑点；后翅的中室基部有1个圆圈形斑纹，中室中部有2个圆圈形斑纹。雌蝶的翅面为黄白色，斑纹同雄蝶一样，有的个体黑色的斑带非常宽。

习性 **飞行：** 速度较缓慢，且飞行路线不规则。**宿主：** 格朗央、格木、白格、黑格、凤凰木、石榨、铁刀木、火力柿等植物。**食物：** 成虫喜访花，食花粉、花蜜、植物汁液等，雄蝶会集体在溪边湿地吸收水分。**栖境：** 成虫除了冬季外，生活在低、中海拔的山区，如热带半落叶季雨林、热带常绿季雨林和热带山地雨林等。**繁殖：** 卵生，经历卵—幼虫—蛹—成虫四个阶段。雌蝶将卵单产于宿主植物的叶面上；幼虫分为5龄；蛹为缢蛹，且以蛹越冬。

翅膀的黄色极其明艳，翅反面分布着小斑点

别名：亮色黄蝶、台湾黄蝶 | 英文名：Three-spot grass yellow | 翅展：40~50mm

分布：东南亚至印度南部和中国海南、广东、广西、台湾、福建、湖南、安徽、陕西、云南

红襟粉蝶 ● 粉蝶科，襟粉蝶属 | 学名：*Anthocharis cardamines* L.

红襟粉蝶

雄蝶的前翅端呈橙色，
雌蝶没有这个特征 •

赏蝶季节：春、夏季

赏蝶环境：草地、林地、河堤、沟渠、
沼泽、铁道路堑及郊野

红襟粉蝶的翅面颜色鲜艳，上面的云状斑纹十分漂亮，如花朵般在花丛中翩翩起舞，深得人们的喜爱。

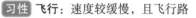

形态 红襟粉蝶的翅面为白色，前翅的顶角处及脉端呈黑色或褐色，翅脉为黑色或褐色，将翅面分为几个翅室，各翅室端部有1个肾状的黑色斑点。雄蝶的前翅端部有一片橙红色区域，颜色鲜艳；雌蝶的翅面颜色基本全部为白色，反面前翅的端部有一小片白色区域，上面有淡绿色云状斑纹，后翅反面有许多淡绿色云状斑纹，且从正面可透视。

习性 **飞行：**速度较缓慢，且飞行路线不规则。**宿主：**十字花科的草甸碎米荠、蒜芥及其他野生十字花科植物。**食物：**成虫喜访花，食花粉、花蜜、植物汁液等。**栖境：**灌木篱墙及湿润的草地上。**繁殖：**卵生，经历卵—幼虫—蛹—成虫四个阶段。雌蝶将卵产在宿主植物的花头上，卵开始时呈白色，后逐渐变为鲜橙色，孵化前变成深色；幼虫有绿色型和白色型，以油菜、碎米荠、山芥等植物为食，于初夏成蛹，以蛹越冬，于次年春天破蛹而出，有些成虫可以延后两年才破蛹而出，以确保可以在恶劣环境中生存。

别名：橙斑襟粉蝶 | 英文名：Orange tip | 翅展：50~60mm

分布：欧洲、日本、朝鲜和中国东北、西北、河南、陕西、山西、湖北、四川、江苏、浙江、福建

斑缘豆粉蝶　｜　粉蝶科，豆粉蝶属　｜　学名：*Colias erate Esper*

斑缘豆粉蝶

赏蝶季节：夏、秋季，5~10月
赏蝶环境：平原、丘陵、农田

　　斑缘豆粉蝶是一种藏族医药，具有很高药用价值，以全虫入药，消肿止痛，蛹可治流血不止与失血过多。

形态　斑缘豆粉蝶的复眼为黄棕色；触角为红褐色，端部淡黄色；足为淡紫色；头部长有绒毛；胸部为黑色，上面被灰色长绒毛覆盖；腹部长有黄色鳞片和灰白色短毛。翅面颜色变化较大，一般为黄色或淡绿色，前翅的中室端部有一个黑色斑点，外缘有一圈黑色宽带，这个宽带中通常有一列淡色的斑点，其形状不规则；后翅的中室端部有一个橙色的斑点，端部为褐色的斑带，较为模糊。

习性　**飞行：**速度较缓慢，且飞行路线不规则。**宿主：**列当、蓝雀花、紫云英、苜蓿、百脉根等植物。**食物：**成虫喜访花，食花粉、花蜜、植物汁液等。**栖境：**通常为平原与丘陵地带。**繁殖：**卵生，1年可发生5~6代，经历卵—幼虫—蛹—成虫四个阶段。卵初为乳白色，后渐变成乳黄色、橙黄色至橙红色，孵化前变为银灰色。雌蝶将卵产在宿主植物叶片的表面上；幼虫分为5龄，以三叶豆属、苜蓿属和大豆属等的叶片为食，以幼虫或蛹越冬，老熟幼虫在叶柄或侧枝下方化蛹。

雌雄异色，雄性翅黄，雌性翅白

在不同分布区翅色会有不同变化，有的变种后翅有蓝色鳞片构成的外缘或全翅金黄艳红，十分美丽

农业豆科作物的大敌，7~8月间幼虫的危害最严重

别名：谢马来赛查　｜　英文名：Pale clouded yellow　｜　翅展：45~60mm

分布：印度、日本、欧洲和中国东北、华北、西北、江浙、华南、西南、西藏等大部分地区

利比尖粉蝶

赏蝶季节：全年大部分时间可见

赏蝶环境：草地与灌木丛中

　　利比尖粉蝶的体翅为白色，十分纯洁柔美，只是翅脉和翅边处有黑色或棕褐色，因此又被称为镶边尖粉蝶。

形态 利比尖粉蝶的头、胸、腹部皆为白色，上面长有白色绒毛。雄蝶的翅膀表面为白色，翅脉为黑色或棕褐色，非常清楚，翅缘为波浪齿状，且镶有黑色的边；翅膀的反面具有黑色条状的斑纹，十分纤细，密集地排列于中室与翅缘间，形成白色条状的椭圆形图案。雌性利比尖粉蝶与雄性利比尖粉蝶的翅面颜色与斑纹都大致相同，只是雌性利比尖粉蝶的翅膀反面的椭圆形斑纹比较不明显，且黑色条状的斑纹中夹杂着一些黄色的斑纹。

习性 **飞行：**速度较缓慢，且飞行路线不规则。**宿主：**十字花科的植物。**食物：**成虫喜访花，食花粉、花蜜、植物汁液等，雄蝶则会集体在溪边的湿地吸收水分。**栖境：**草地与灌木丛中。**繁殖：**卵生，经历卵—幼虫—蛹—成虫四个阶段。雌蝶将卵单产于宿主植物的叶面上；幼虫分为5龄，体色较为单一，为绿色或黄色，身体上有黄色或白色纵纹；蛹为缢蛹，以蛹越冬。

触角极为细长，呈棒状，顶端为白色

别名：镶边尖粉蝶、八重山粉蝶 ｜ **英文名：**Striped albatross ｜ **翅展：**40~45mm

分布：中国大陆的东南各省

PART 4
138~157页

斑蝶

君主斑蝶

赏蝶季节： 全年可见

赏蝶环境： 森林、山谷

君主斑蝶是美国的国蝶，其名是为了纪念奥兰治亲王威廉，且因"它们是最大的蝴蝶之一，并统领众多蝶类"。

形态 君主斑蝶是一种中型蝴蝶，华丽异常，身体为黑色，胸部上有一些黑色簇毛，腹部较短；触角又细又长，约是前翅长度的三分之一；翅膀主体呈黄褐色或橙色，翅脉为黑色，较粗，翅边也为黑色。雌、雄蝶大致相同，雄蝶较雌蝶体形大，并且雄蝶的后翅上有黑色的性征鳞片，翅脉较雌蝶的窄。

习性 **飞行：** 能力强，善长途迁徙，每年都会迁徙。**宿主：** 马利筋植物。**食物：** 成虫通常以乳草属植物为食。**栖境：** 森林中或者山谷中，喜欢成群栖息与活动。**繁殖：** 卵生，经历卵—幼虫—蛹—成虫四个阶段。雌蝶于春夏繁殖季节产卵，卵呈奶白色，后转变为淡黄色；幼虫群集生活；蛹为垂蛹，蛹期为2周左右。

• 翅膀边缘整齐排列有两列细细的白色斑点

君主斑蝶的反面与正面大致相似，反面呈淡黄色，翅脉及边缘与正面相似均为黑色，并且反面的白点比正面的大一些

幼虫群集生活，以有毒的马利筋植物为食，头上有突起，体节上有枝刺

别名： 大桦斑蝶、帝王斑蝶、黑脉金斑蝶 | **英文名：** Monarch butterfly | **翅展：** 89~102mm

分布： 北美、南美及西南太平洋、澳大利亚、新西兰和中国台湾、香港等

女皇斑蝶

赏蝶季节：全年可见

赏蝶环境：草地、田野、沼泽、沙漠和森林的边缘都可以观赏到

女皇斑蝶与君主斑蝶相对应，是一种大型美丽的斑蝶，会发出一种难闻气味，加之色彩鲜明，因此基本没有天敌。

形态 女皇斑蝶是一种中型蝴蝶，其头、胸部为黑色，触角细长，呈棒状。前翅的翅面为暗橙黄色，基部颜色较深，为咖啡色或棕褐色，翅边与翅膀前缘有一圈黑色斑带；后翅的翅面为暗橙黄色，颜色较前翅浅一些，脉纹黑色，翅边有一条黑色的斑带。雌蝶与雄蝶的颜色与斑纹大致相同，雄蝶后翅翅面上有一个发香鳞为性标。

习性 **飞行**：善飞行，具有远程迁徙的习性。**宿主**：乳草属的植物。**食物**：成虫喜欢访花吸蜜，吸食花粉、花蜜、植物汁液等。**栖境**：草地、田野、沼泽、沙漠和森林的边缘等。**繁殖**：卵生，一年可发生多代，世代重叠，经历卵—幼虫—蛹—成虫四个阶段。雌蝶将卵单产于宿主植物的叶面上、嫩茎上或花蕾上，一次只产一颗；卵淡绿色或白色；幼虫6龄，黑色，具白色条纹和黄色斑点；蛹为悬蛹。

腹部为暗橙黄色

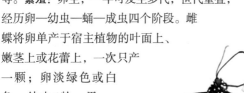

2列白色的斑点形状各异、大小不同，排列整齐，组成2条斑点链

翅的反面与正面大致相同，但颜色更深一些，前翅的斑纹与正面一样，后翅的黑色翅脉比前翅粗很多，且翅脉两侧有白色鳞片

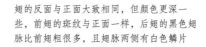

别名：女王斑蝶　|　英文名：Queen butterfly　|　翅展：70~88mm

分布：热带和温带地区的美洲、亚洲和非洲等地区，尤其是北美和南美

金斑蝶　　斑蝶科，斑蝶属 ｜ 学名：*Danaus chrysippus* L.

金斑蝶

赏蝶季节：全年可见
赏蝶环境：郊野及花园

金斑蝶据查是世界上最早被描绘的一种蝴蝶，在一幅3500年前发现的古埃及湿壁画上就发现了此种蝴蝶。

形态 金斑蝶是中型蝴蝶，身体黑色，上面有很多白色斑点。翅膀表面呈黄褐色或红褐色，前翅顶部黑色，前缘及端部为黑褐色，翅边是一圈黑色斑带，上面散布着白色斑点；后翅的颜色较前翅浅一些，中部有3个黑色的斑点，外缘有一圈黑褐色带，其中有白色小斑点分布。

前翅端部亚外缘区有很多白色斑纹，大小不一，形状各异，其中4个斑较大

习性 **飞行：**直线飞行，速度缓慢，遇到干扰也不逃离，时常低飞。**宿主：**多种植物，包括萝藦科的乳草、牛角瓜属、古钩藤、白前属、钉头果、萝藦、鲫鱼藤属、大豹皮花及娃儿藤属等。**食物：**成虫喜欢访花吸蜜。**栖境：**多种郊外环境，包括沙漠及高达3000m的高山中皆可，很少会栖息在潮湿森林及山区。**繁殖：**卵生，一年发生多代，世代重叠，经历卵—幼虫—蛹—成虫四个阶段。雌蝶在每片叶子上只会产一颗卵，卵呈银白色，子弹状；幼虫以马利筋为食。

翅膀反面的图案和正面大致相同，只不过前翅端部为黄褐色

淡绿色悬蛹

别名：不详 ｜ 英文名：Plain tiger ｜ 翅展：70~80mm

分布：南欧、非洲、亚洲西部到印尼及澳大利亚等地以及中国广大地区

黑虎斑蝶

赏蝶季节：全年大部分时间可见

赏蝶环境：田园、灌丛、植被茂密处

黑虎斑蝶的翅面展开，斑纹像虎头上的花纹一样，磅礴大气，故得其名。

形态 黑虎斑蝶是一种中型蝴蝶，头、胸部为黑色，上面有白色斑点，腹端为淡黄色，腹部有白色的斑纹；触角细长，呈棒状，顶端为黑色。前翅的翅面为黑色，上面有许多透明斑纹，中室内有一个长条状的斑纹；后翅的翅面为黑色，从基部发出4条透明的斑纹，靠近臀部的2条较长，中部有6条较短的斑纹，翅边呈波浪状，波谷处有白色斑纹。

习性 飞行：速度比较缓慢，但飞行姿态优美，喜欢在阳光下翩翩起舞。**宿主**：萝藦科植物和夹竹桃等植物。**食物**：成虫喜欢访花，吸食花蜜。**栖境**：亚洲热带地区的林缘、灌丛，也飞至田园中，不生活在森林中。**繁殖**：卵生，经历卵—幼虫—蛹—成虫四个阶段。雌蝶将卵单产于宿主植物的叶片背面，卵为黄色或黄白色，椭球形，表面有脊纹，幼虫分为5龄，通常以萝藦科植物和夹竹桃等植物为食；蛹为悬蛹。

前翅中部有11~12个斑点，形状与大小不同，外缘有2列斑点

翅膀的反面与正面大致相同

后翅外缘处有2列斑点，排列较为整齐，形成斑点链

别名：东方虎蝶 | **英文名**：Black veined tiger | **翅展**：60~75mm

分布：印度、菲律宾、印度尼西亚等地和中国台湾

黑虎斑蝶

君主斑蝶

虎斑蝶

赏蝶季节： 全年可见

赏蝶环境： 湿地公园，树林或空旷的地方

虎斑蝶的翅面颜色与斑纹像老虎身上的花纹，有一种很厉害的感觉，故得其名。

翅膀外缘处有一条黑色斑带，上面有两个细小的白色斑点，排列整齐

形态 虎斑蝶的翅面为橙黄色或棕褐色，翅脉为黑色，较粗，非常明显，前翅端部为一大片黑褐色或黑色区域，内有一条白色斜带；后翅的翅边也是一条黑色斑带，斑带上散布着2列白色斑点，内侧的白色斑点有时并不明显，故显得外侧的白色斑点十分明显。雌、雄两性虎斑蝶的翅面上斑纹大致相同，只是雄蝶的后翅翅面上有椭圆形香鳞袋，黑色，为性斑。

习性 **飞行：** 速度较缓慢，因其有毒，所以不需要躲藏或伪装。**宿主：** 天星藤、马利筋等植物。**食物：** 成虫喜食植物的汁液，雄蝶就经常伏于吊裙草上吸食其汁液，并以此来制造吸引异性的香气。**栖境：** 树林或空旷的地方，冬季里会有一大群虎斑蝶聚集在树林中，以共同度过寒冷的冬季。**繁殖：** 卵生，经历卵—幼虫—蛹—成虫四个阶段。雌蝶将卵单产于宿主植物的叶片背面，卵为黄色或黄白色，椭球形，表面有脊纹；幼虫分为5龄，通常以有毒的天星藤等植物为食；蛹为悬蛹。

前翅的白色斜带由5个相邻的白色棒状斑点依次排列组成，附近还有几个细小的白色斑点

别名： 虎纹青斑蝶、拟阿檀蝶、黑脉桦斑蝶 ｜ **英文名：** Common tiger ｜ **翅展：** 75~95mm

分布： 东南亚、南亚和中国南方各省，例如广东、广西、台湾、海南、四川等

豹纹斑蝶

赏蝶季节： *6月中旬~9月中旬*
赏蝶环境： *潮湿的草地和林地的边缘*

豹纹斑蝶的翅面颜色鲜艳，黄褐色的底面上有很多黑色斑点与斑纹，就像豹子身上的花纹。

触角细长，呈棒状，顶端为黑色

形态 豹纹斑蝶是一种中型蝴蝶，头、胸腹部为棕褐色。前翅翅面为黄色或黄褐色，基部颜色较深，为棕褐色或咖啡色，外缘和亚外缘有3条黑色或棕黑色斑纹，最外侧是一条颜色较浅的细线纹；后翅的翅面颜色较前翅浅一些，基部颜色深，为棕褐色或咖啡色，最外侧是一条颜色较浅的细线纹，中间是一列黑色半月形斑纹。

习性 飞行： 速度缓慢，姿态优美。**宿主：** 紫花地丁、紫罗兰等植物。**食物：** 成虫喜访花，食花蜜，常以乳草、藜藜、紫菀、罗布麻、山月桂、马鞭草、野豌豆、佛手柑、红车轴草、乔派伊杂草和紫松果菊等各种植物的花为蜜源。

前翅翅面中部区域散布有许多黑色的斑纹，排列杂乱，没有规律

栖境： 高山峡谷、河谷湿地以及潮湿的草地和林地的边缘等。**繁殖：** 卵生，经历卵—幼虫—蛹—成虫四个阶段。雌蝶通常将卵单产于宿主植物的叶面上，卵初产时为黄色，后来颜色逐渐变深，变成棕色，卵期14~20天；幼虫分为6龄。

别名： 不详 | **英文名：** Great spangled fritillary | **翅展：** 62~88mm

● **分布：** 美国、加拿大、墨西哥等地区，尤其是美国的东北部

青斑蝶

赏蝶季节： 除7月和8月外，全年可见
赏蝶环境： 树林或空旷的地方

青斑蝶的翅面颜色鲜艳，身形优美，具有多种用途，为生态观赏、工艺制作和喜庆放飞等三用的优良蝶种。

形态 青斑蝶是一种大中型蝴蝶，前翅翅面呈黑褐色或棕褐色，有许多斑纹，这些斑纹从前翅基部发出，颜色为浅青色或浅青蓝色，半透明；后翅为浅棕色或橙棕色，前部和中部有浅青色或浅青蓝色的斑纹，翅脉为棕色。雌、雄蝶翅面图案类似，只是雄蝶的后翅上有一个黑色的性斑，并且雄蝶中室的中部有1个耳形的标记，为香鳞袋。

习性 **飞行**：速度较为缓慢，但飞行能力强，通常喜欢在草地上滑翔。**宿主**：萝藦科的南山藤属、醉魂藤属和球兰属等植物。**食物**：成虫喜访花，喜食藿香蓟等植物。**栖境**：通常栖息于中、低海拔的山区，如热带半落叶季雨林、热带常绿季雨林、热带山地雨林等，冬季会跟其他斑蝶集聚在山谷过冬。

繁殖：卵生，经历卵—幼虫—蛹—成虫四个阶段。其幼虫分为5龄，喜食萝藦科的南山藤属、醉魂藤属和球兰属等植物。

前翅的外缘区与亚外缘区各有1列斑纹，其中亚外缘区的斑纹排列不整齐

别名： 淡纹青斑蝶、淡色小纹青斑蝶、大绢斑蝶　|　**英文名：** Blue tiger　|　**翅展：** 80~100mm

分布： 东南亚、南亚和中国云南、西藏、湖北、湖南、广东、广西、台湾和海南

啬青斑蝶

赏蝶季节: 全年可见
赏蝶环境: 草原、阔叶林、灌丛

啬青斑蝶的翅膀上具有水青色点状或条状的斑纹,由于比其近似种的斑纹细小,故又名小纹青斑蝶。

形态 啬青斑蝶的头、胸部为黑色,上面布满白色斑点。翅面为黑棕色,上面布满水青色的点状或条状斑纹,排列没有规律,较为杂乱;后翅基部的斑点呈条纹状,每两个在基部相连,形成一个"V"形,外缘与亚外缘各有1列小斑点,排列十分不整齐,且外缘的斑点比较小。雌、雄啬青斑蝶的外观并无太大的差异,只是雄蝶后翅的中部有1个耳状的香鳞袋,为性标,而雌蝶则无此性标。

习性 **飞行:** 速度异常缓慢,通常很少振翅,喜滑翔,不过受到干扰时,瞬间移动的躲避功夫也不差,善迁徙。**宿主:** 萝藦科植物,如布朗藤等。**食物:** 成虫喜欢吸食花蜜,其中以菊科植物最受青睐,尤其是泽兰,此外菜园种植的红凤菜也很受欢迎。**栖境:** 阔叶林与灌丛、草原中。**繁殖:** 卵生,经历卵—幼虫—蛹—成虫四个阶段。幼虫喜欢取食萝藦科和夹竹桃科这类有毒植物,且将其中有毒物质堆积在体内,使外观异常鲜艳亮丽,以此警告侵略者。

成虫喜欢在草原环境活动,尤其喜食泽兰花蜜,每当泽兰盛开,你很容易看到它陶醉在花上

别名: 小纹青斑蝶 | **英文名:** Dark blue tiger | **翅展:** 80~90mm

● **分布:** 缅甸、印度南部、斯里兰卡和中国江西、广西、海南、云南、香港、台湾

| 绢斑蝶 | 斑蝶科，绢斑蝶属 | 学名：*Parantica aglea* Stoll |

绢斑蝶

赏蝶季节： 夏、秋季，7~9月
赏蝶环境： 阔叶林与灌丛中

绢斑蝶的翅面颜色大多为灰白色，如白绢一般，故得其名。

形态 绢斑蝶的头及触角为黑色；复眼为黑色；胸部为黑色；腹部背面黑色，腹面呈淡黄色。前翅的翅面呈褐色，外缘及亚外缘区各有1列白色或灰白色的斑点，排列较为整齐，亚顶处还有6个斑纹，形状不一，从基部发出5条白色或灰白色斑纹；后翅的翅面呈褐色，外缘处及亚外缘区各有1列斑点，成对排列。雌、雄两蝶类似，只不过雄蝶后翅的亚外缘区有1个灰褐色香鳞斑，为性标。

习性 **飞行：** 速度较缓慢，但姿态十分优美，喜欢在阳光下飞行。**宿主：** 幼虫通常以萝藦科的植物为宿主。**食物：** 成虫喜访花，吸食花粉、花蜜、植物汁液等。**栖境：** 热带地区的阔叶林与灌丛中。**繁殖：** 卵生，经历卵—幼虫—蛹—成虫四个阶段。雌蝶通常将卵产在宿主植物的叶面上；幼虫分为5龄，身体为暗红棕色，上面有黄色斑点，通常以娃儿藤属与萝藦科的球兰等植物为食；蛹为绿色，悬蛹。

前翅外缘处的斑点较小，每个翅室有一对，亚外缘处的斑点较大

后翅从基部发出8条灰白色的斑纹，中室的2条斑纹两端合并，中室端外的5个斑纹呈放射状排列，形状、大小、长短不一

别名： 姬小纹青斑蝶 | **英文名：** Glassy tiger | **翅展：** 70~100mm

分布： 东南亚、南亚和中国四川、广西、西藏、云南、福建、广东、海南、台湾

大绢斑蝶

赏蝶季节： 全年可见，除7~8月
赏蝶环境： 阔叶林与灌丛中

大绢斑蝶与青斑蝶类似，其观赏价值较高，为生态观赏、工艺制作和喜庆放飞等三用的优良蝶种。

形态 大绢斑蝶的头及触角为黑色；复眼为黑褐色；胸部为黑色；雄蝶的腹部为棕色，腹面有白色横纹；雌蝶的腹部背面为棕色，腹面为白色。前翅的翅面为黑色，外缘及亚外缘处各有1列白色斑点，外缘的斑点较小，成对排列，亚顶区有6个大小、形状不一的斑纹，从基部发出3条白色的斑纹；后翅的翅面呈红褐色，外缘及亚外缘处各有1列白色斑点，成对排列，但这些斑点较前翅模糊一些，从基部发出7条白色的斑纹，中室的2条基部合并，中室端外的5个斑纹呈放射状排列，形状、大小、长短不一。雌、雄两蝶大致相同，只不过雄蝶后翅的亚外缘区有1个棕色或棕黑色的香鳞斑，为性标，且性标附近有清晰的白色鳞毛。

习性 **飞行：** 飞行能力强，姿态优美，且常在日光下活动。**宿主：** 萝藦科植物、夹竹桃等。**食物：** 成虫喜访花，吸食花蜜等。**栖境：** 热带地区的阔叶林与灌丛中。**繁殖：** 卵生，经历卵—幼虫—蛹—成虫四个阶段。幼虫分为5龄，常以富含生物碱基的植物为食，体内积聚大量毒素；蛹为悬蛹，具有金银色的金属光泽。

活跃于树林或空旷的地方，爱在草地上滑翔和吸食薑香蓟

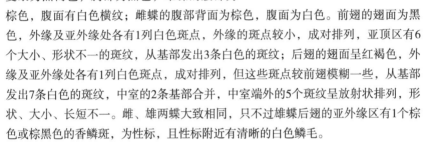

在东南亚、中国南部、日本之间会进行长途迁徙

别名： 浅葱斑蝶、青斑蝶　**英文名：** Chestnut tiger　**翅展：** 83~88mm

分布： 东北亚、东南亚、南亚和中国辽宁、江苏、四川、贵州、云南、西藏、海南、香港、台湾

旖斑蝶

赏蝶季节：夏季，7~8月
赏蝶环境：森林或种植园边缘及沿海红树林区

旖斑蝶的翅面颜色鲜艳，斑纹十分漂亮，让人眼前一亮，而"旖"有柔和美丽的意思，与其十分相称。

形态 旖斑蝶是一种中型蝴蝶，头、胸部为黑色，头部有白色斑点，腹部灰黑色长有灰色绒毛，触角细长，呈钩状。前翅翅面为黑色，上面有许多白色或浅蓝色斑纹，中室内有一条从基部发出的白色斑纹，中部的斑点大小不一、形状各异，分布杂乱，外缘以及亚外缘处的白色斑点较小，形状大致为圆形；后翅的翅面也为黑色，基部二分之一的区域为白色，以黑色脉纹分割开形成一个个斑纹，外缘和亚外缘处各有一列白色的斑点。

前翅翅边的一列白色斑点排列较为整齐

习性 **飞行**：速度较缓慢，但飞行姿态十分优美，喜欢在阳光下飞行。**宿主**：幼虫通常以萝摩科和夹竹桃科的植物为宿主。**食物**：成虫喜访花，吸食花粉、花蜜、植物汁液等。**栖境**：森林或种植园的边缘，尤其是沿海红树林区。**繁殖**：卵生，经历卵—幼虫—蛹—成虫四个阶段。雌蝶通常将卵产在宿主植物的叶面上；幼虫分为5龄，通常以萝摩科、夹竹桃科的植物为食；蛹为绿色，悬蛹。

翅反面的颜色为黑褐色，翅面上的斑纹为浅蓝色

别名：淡云蝶 | 英文名：Blue glassy tiger | 翅展：60~80mm

分布：印度、泰国、老挝、越南、缅甸、新加坡和美国以及中国海南等地

拟旖斑蝶

赏蝶季节： 全年大部分时间可见

赏蝶环境： 山地林缘、灌木丛、农田边缘

　　拟旖斑蝶的翅面颜色鲜艳，斑纹十分漂亮，绮丽多姿。

形态 拟旖斑蝶的头、胸、腹部为黑色，上面点缀有很多白色斑点，触角又细又长，呈钩状。前翅翅面为黑褐色或棕褐色，散布着淡蓝色半透明斑纹，在阳光下发出淡蓝色闪光；后翅翅面为黑褐色，散布着淡蓝色斑纹，中室内有3条细小的淡蓝色纵带，周围散布6条淡蓝色斑带，外缘和亚外缘处各有一列淡蓝色小斑点。

前翅从翅基向外发出5条淡蓝色斑带，斑带外侧有10个淡蓝色斑点，外缘和亚外缘处各有一列淡蓝色斑点

习性 **飞行：**喜欢在日照环境中飞行与活动。**宿主：**幼虫通常以各种萝藦科植物为宿主。**食物：**成虫喜访花，尤其喜欢菊科泽兰属植物的花，常见到成群访花的情形。**栖境：**亚林缘、灌丛、农田边缘等植被茂密处。**繁殖：**卵生，经历卵—幼虫—蛹—成虫四个阶段。雌蝶通常将卵产在宿主植物的叶面上；幼虫分为5龄，通常取食萝藦科的娃儿藤等植物；蛹为悬蛹。

翅反面与正面的颜色与斑纹大致相同

别名：琉球青斑蝶、蓝纹黑斑蝶 | **英文名：**Ceylon blue glassy tiger | **翅展：**75~85 mm

分布：东南亚等地和中国的广东、广西等地

大帛斑蝶

赏蝶季节：全年都可观赏到，以春、秋两季较多
赏蝶环境：沿海红树林和低地雨林

　　大帛斑蝶有一种清新的气质，是一种极具观赏价值的蝴蝶，深得蝴蝶爱好者的喜爱。

形态 大帛斑蝶是一种中大型蝴蝶，头、胸部为黑色，头部有白色斑点，胸部背面有一条白色斑纹，长有灰色绒毛。前翅翅面为白色，半透明，翅脉为黑色，翅外缘处有一条黑色斑带，里面有一列白色斑点，亚外缘处有一列黑色的波浪纹；后翅的翅面为黑色，两侧有黑色鳞片，外缘处也有一条黑色斑带，里面有一列白色斑点。

触角细长，呈钩状

习性 **飞行：**速度较为缓慢，姿态优雅，常在天空中乘气流作滑翔旋转。**宿主：**爬森藤等植物。**食物：**成虫喜访花，常以繁星花、水菊、金露花、长穗木等为蜜源植物。**栖境：**沿海红树林和低地雨林。**繁殖：**卵生，一年可发生多代，经历卵—幼虫—蛹—成虫四个阶段。雌蝶可将卵产在宿主植物的叶背、茎、花或果实上，幼虫5龄，成虫平均寿命约1个月。

后翅每个翅室内有2个白色斑点，比前翅的大

雌、雄两蝶的色彩与斑纹近似，翅反面与正面相同

别名：大白斑蝶、大笨蝶、傻蝶、熊猫斑蝶 ｜ **英文名：**Paper kite ｜ **翅展：**120~140mm

分布：马来半岛、印度尼西亚、菲律宾、印度、缅甸、泰国和中国台湾南部

马拉巴尔帛斑蝶

赏蝶季节：夏季，7~8月

赏蝶环境：林中空地和森林冠层

马拉巴尔帛斑蝶大多出现在印度的马拉巴尔海岸附近，故得其名，又因其翅面上有心形的斑纹，而得到人们的喜爱。

腹部较长，白色或灰白色，背面有一条黑色斑纹，贯穿腹部

形态 马拉巴尔帛斑蝶是一种中大型蝴蝶，头部为黑色，上面有白色斑点，胸部为白色，上面有黑色斑纹；触角又细又长，呈钩状。前翅的翅面为白色，上面散布着黑色鳞片，翅脉黑色；后翅的翅面也为白色，靠近端部区域散布有黑色鳞片，翅脉黑色，翅边的外缘区与亚外缘区也有3列黑色的斑点，每一列斑点的形状和排列与前翅一样，只不过后翅的斑点小一些，中部也有一些散乱分布的黑色斑点，排列没有规律。

习性 **飞行：**速度非常缓慢，姿态优美，喜欢在阳光下滑翔飞行。**宿主：**夹竹桃科植物。**食物：**成虫喜访花，吸食花粉、花蜜、植物汁液等。**栖境：**森林、草地与灌木丛中。**繁殖：**卵生，经历卵—幼虫—蛹—成虫四个阶段。雌蝶通常将卵产在宿主植物的叶面上；幼虫5龄，以夹竹桃科植物为食；蛹为悬蛹。

前翅翅边的外缘区与亚外缘区有3列黑色的斑点，最外侧的一列排列十分整齐，且斑纹清晰，中间的一列呈心形，较为模糊，最里面的斑点处在每一翅室的中央，也比较模糊，中部也有一些散乱分布的黑色斑点

别名：不详 ｜ 英文名：Malabar tree-nymph ｜ 翅展：120~154mm

分布：印度、缅甸等地区，尤其是印度南部

蓝点紫斑蝶

赏蝶季节：*春、夏、秋季，3~11月*
赏蝶环境：*树林或空旷的地方*

蓝点紫斑蝶的翅面为紫蓝色，带有天鹅绒般光泽，十分雍容华贵，且上面有淡蓝色小点，故得其名。

形态 蓝点紫斑蝶的头、胸部为黑色，头部有白色斑点，胸部长有黑褐色绒毛，腹部为紫蓝色；翅面颜色主要是黑褐色，前翅的翅面中部大部分区域泛着紫蓝色光泽，并零零星星地散布着淡蓝色斑纹，外缘与亚外缘处各有一列白色的斑点，排列整齐，外缘的斑点较小；后翅的翅面全部呈黑褐色，只是外缘与亚外缘处各有一列白色的斑点，排列整齐，大小基本一致。

雌、雄两蝶大致相同

习性 **飞行**：速度较缓慢，但飞行能力强，可以飞行很长距离，并且长时间不休息。**宿主**：羊角拗等植物。**食物**：喜欢访花吸蜜，雄蝶喜欢吸食藿香蓟、吊裙草和大尾摇的花蜜和汁液，以此来制造吸引雌蝶的香气。**栖境**：树林中，冬季会有一大群蓝点紫斑蝶聚集在树林中，共同度过寒冷冬天。**繁殖**：卵生，一年可发生多代，世代重叠，经历卵—幼虫—蛹—成虫四个阶段。卵为奶黄色，子弹头形；幼虫分为5龄，初龄身体呈黄绿色，后变为黄色，老龄幼虫为橙黄色，头部黑色；蛹为悬蛹，初始时为奶白色，后来逐渐变为黄色，并产生了金属光泽；以成虫越冬；卵期2~4天，幼虫期12~18天，蛹期7~10天。

别名：白点紫斑蝶、拟幻紫斑蝶 | 英文名：Blue spotted crow | 翅展：70~80mm

⊙ 分布：越南以及中国的云南、海南、广西、广东、福建、浙江等地

幻紫斑蝶

赏蝶季节：春、夏、秋季，3~11月
赏蝶环境：树林或空旷的地方

幻紫斑蝶与蓝点紫斑蝶相似，翅面为紫蓝色，带有天鹅绒般光泽，给人一种玄幻神秘的感觉，故名幻紫。

翅面在阳光下会发出紫色荧光，在美学上具有很高价值

形态 幻紫斑蝶的头、胸、腹部为暗褐色，上面有白色斑点；前翅为暗褐色，基部颜色较深，翅面中部大部分区域带有棕色天鹅绒般的光泽，并零星地散布着白色斑纹，正面为1~2个，反面为4个，外缘与亚外缘处各有一列白色斑点，排列整齐，外缘的斑点较小；后翅的颜色较前翅浅一些，为棕褐色，正面无斑纹，反面有几个白色斑点。雌、雄两蝶相似，但雄蝶的前翅后缘向外凸出，呈阔弧形，且翅中部有一个条形性标。

习性 **飞行**：速度较缓慢，飞翔悠静，姿态优美。**宿主**：幼虫通常以含有夹竹桃苷的夹竹桃等植物为宿主。**食物**：成虫喜访花，食花粉、花蜜、植物汁液等。**栖境**：树林中，冬季里会有一大群幻紫斑蝶聚集在树林中，共同度过寒冷冬天。**繁殖**：卵生，一年可发生多代，世代重叠，经历卵—幼虫—蛹—成虫四个阶段。卵为淡黄色，呈杵状；雌蝶将卵散产于夹竹桃和小叶榕的叶面上；幼虫分为5龄，初龄的身体为黄绿色，头、尾、足呈黑色，后来颜色逐渐变深，为黄褐色，老龄幼虫为土黄色，常以夹竹桃和小叶榕的嫩叶为食；以成虫越冬，成虫的寿命23~30天（越冬成虫除外）。

别名：柯氏紫斑蝶 | **英文名**：Common crow | **翅展**：65~70mm

● **分布**：中国的广东、台湾、云南等地

异型紫斑蝶 ▶ 斑蝶科，紫斑蝶属 | 学名：*Euploea mulciber* Cramer

异型紫斑蝶

赏蝶季节： 夏、秋季，7~10月
赏蝶环境： 树林或空旷的地方

异型紫斑蝶有紫罗兰色天鹅绒般的光泽，如贵妇般华美贵气，观赏价值较高，给人以梦幻般的感觉受，故许多人称之为"变色蝶"。

颜色鲜艳，美丽异常，这一大片蓝色的闪光区域上面散布着零零星星的白色斑纹

形态 异型紫斑蝶的体、翅皆为深褐色，前翅端部有一大片蓝色闪光区域，除基部外，其他地方都有紫罗兰色天鹅绒般光泽，看上去非常华贵，中域以上部分散布着紫罗兰色斑点，后缘突起，呈弱圆弧形；后翅前半部分为棕褐色，其中前缘部有灰白色，后半部分呈浓栗褐色。该蝶是斑蝶科中唯一雌、雄蝶斑纹不同的蝶种，雌蝶基半部和后翅上都有线条状的白色纵纹，前翅后缘并不突起，而是平直的，紫蓝色天鹅绒般光泽较雄蝶少，斑纹排列与雄蝶类似，但形状大且明显。雄蝶的前翅呈黑褐色。

习性 **飞行**：速度较缓慢，飞行路线不规则。**宿主**：萝藦科的弓果藤等植物。**食物**：成虫喜欢访花，喜食花粉、花蜜、植物汁液等。**栖境**：栖息在树林或空旷的地方。**繁殖**：卵生，一年可发生多个世代，经历卵—幼虫—蛹—成虫四个阶段。幼虫分为5龄，通常取食萝藦科的弓果藤等植物。

幼虫似一只花老虎，身上黑、白、橙相间，而且头、尾、背部长着长角

白壁紫斑蝶

赏蝶季节： 全年大部分时间可见
赏蝶环境： 常绿和半常绿的热带森林中

　　白壁紫斑蝶的翅面上有紫色的鳞片，带有天鹅绒般光泽，纯白色的斑点十分亮眼，如同白色的墙壁，故名白壁。

形态 白壁紫斑蝶的头、胸部为黑色，上面有白色斑点，并长有黑褐色绒毛，触角又细又长，呈棒状，顶端为橙红色。前翅翅面为棕褐色或咖啡色，上面散布着紫色鳞片，翅边有2列斑点，大小不一、形状各异，中部的斑点很小，颜色很浅或基本消失不见；后翅的翅面为棕褐色或咖啡色，从基部的后端发出4条白色的斑纹，翅边也有2列斑点，大小不一、形状各异，翅面上还零零星星地散布着白色的小斑点。

习性 **飞行**：速度较缓慢，但姿态十分优美，喜欢在阳光下飞行与活动。**宿主**：幼虫通常以萝摩科的植物等为宿主。**食物**：成虫喜访花，吸食花粉、花蜜、植物汁液等。**栖境**：常绿和半常绿的热带森林中。**繁殖**：卵生，经历卵—幼虫—蛹—成虫四个阶段。雌蝶通常将卵产在宿主植物的叶面上；幼虫分为5龄；蛹为悬蛹。

翅反面的颜色和斑纹与正面基本一致

前翅中部前端有一个大白斑，闪着白色光芒

别名：喜鹊乌鸦蝶　｜　**英文名**：Magpie crow　｜　**翅展**：80~90mm

分布：印度、马来西亚以及喜马拉雅山脉的东部等地区

157

PART 5
160~175页

眼蝶

暮眼蝶　　眼蝶科，暮眼蝶属　｜　学名：*Melanitis leda* L.

暮眼蝶

赏蝶季节：夏、秋季，8~11月
赏蝶环境：林荫处以及灌草丛中

暮眼蝶的翅面如同枯叶一般，上面的斑纹就像眼睛一样，给人一种神秘的感觉，还有一位作家以其为名，写了一篇悬疑小说，更为暮眼蝶增添了一份神秘的气息。

形态 暮眼蝶是一种小型或中型蝴蝶，翅面呈浅褐色或黑褐色，前翅的亚顶角区以及翅室内各有一个极小的黑色眼斑，这些眼斑的外围呈黑色，中间有一个白色的小斑点；后翅的亚外缘区各翅室内各有一个黑色的眼斑，后翅的翅边形状不规则。

习性 **飞行：**速度较缓慢，且飞行路线不规则，常在林缘及林间阴凉处飞行与活动。**宿主：**幼虫常以禾本科与莎草科植物为宿主。**食物：**成虫常以植物汁液和树汁为食。**栖境：**林荫处和灌丛中。**繁殖：**卵生，经历卵—幼虫—蛹—成虫四个阶段。卵的形状近圆球形或半圆球形，表面有多角形雕纹；雌蝶常将卵散产在宿主植物的叶面上；幼虫分为5龄，体表为绿色或黄色；蛹为悬蛹。

前翅亚外缘区有一个黑色圆形大眼斑，边缘较模糊，眼斑周围区域的颜色略浅

眼框为褐黄色，较小的眼斑比较模糊，瞳点为白色或消失不见

翅反面的颜色较浅，为浅棕色或褐色，翅面上密布着褐色细纹，反面的眼斑可由正面透出

别名：伏地目蝶、树荫蝶、珠衣蝶、稻暮眼蝶　｜　**英文名：**Common evening brown　｜　**翅展：**36~40mm

分布：日本、东南亚、澳大利亚、非洲和中国四川、云南、华东地区、华南地区

苔娜黛眼蝶

赏蝶季节： 夏、秋季，5~9月

赏蝶环境： 平原到山地的林荫处

苔娜黛眼蝶的翅面为黑色，用"黛"来形容十分贴切，优雅大方。

形态 苔娜黛眼蝶的头、胸、腹部为黑色，翅面黑色，前翅的中室内有2条黑色横线，亚外缘处有4个眼状斑纹，眼斑的外侧还有一列浅色波浪状斑纹；后翅的亚外缘处有6个眼状斑纹，外侧也有一列浅色波浪状的斑纹，翅边呈微波状，无尾突。雄蝶与雌蝶的差异并不大，只是雄蝶前翅后缘中段有一列黑色长毛。

眼状斑纹双框，外框为紫色，内框为黄色，瞳点为白色

习性 **飞行：**速度较缓慢，且飞行路线不规则，常在林缘及林间阴凉处飞行与活动。**宿主：**幼虫常以禾本科与莎草科植物为宿主。**食物：**成虫访花，也以植物汁液和树汁等为食。**栖境：**平原到山地的林荫处。**繁殖：**卵生，经历卵—幼虫—蛹—成虫四个阶段。卵的形状近似于圆球形或半圆球形；雌蝶常将卵散产在宿主植物的叶面上；幼虫分为5龄，纺锤形，头比前胸大，体表为绿色或黄色；蛹为悬蛹。

前翅的反面端半部有3~4个眼状的斑纹；后翅中部有黑色条纹，前后翅的外缘均有褐色与紫蓝色波状纹

别名：不详 | 英文名：Moss Dianas satyrid | 翅展：45~55mm

● 分布：日本、朝鲜和中国陕西、河南、河北、福建、广西、贵州、云南等地

黄环链眼蝶

赏蝶季节： 夏季，6~8月

赏蝶环境： 平原到山地的林荫处

黄环链眼蝶的翅面为黄褐色，眼状斑纹形成一条黄色斑纹链，故名黄环链。

形态 黄环链眼蝶是一种中型蝴蝶，头、胸、腹部为灰褐色或棕褐色，并长有棕色绒毛。翅面呈黄褐色或灰褐色，前翅翅面上有5个圆形斑点，前翅翅边略有一些黄色斑纹；后翅有6个黑色圆形斑点，外围有一圈黄色外框，只不过比前翅的外框小一些。翅的反面沿外缘有2条黄色的细线，前翅的中室内有1条横纹，亚外缘有1条形状曲折的淡色斑纹；后翅的中部有1条灰白色的弓形横带，前后翅的眼状斑纹与正面大致相同，只不过比正面明显很多，且中间还有白色的瞳点。

习性 **飞行：** 速度较为缓慢，并且飞行路线不规则，常常在林缘及林间阴凉处飞行与活动。**宿主：** 禾本科、莎草科的植物等。**食物：** 成虫访花，也以植物汁液和树汁等为食。**栖境：** 通常生活在平原到山地的林荫处。**繁殖：** 卵生，经历卵—幼虫—蛹—成虫四个阶段。卵的形状近似于圆球形或半圆球形，表面有多角形的雕纹，雌蝶通常将卵散产在宿主植物的叶面上；幼虫分为5龄，呈纺锤形，头比前胸大，体表的颜色较为单一，为绿色或黄色，上面有纵纹，且通常有2个角状的突起；蛹为悬蛹。

前翅翅面上有5个圆形斑点，黑色，外围有一圈黄色外框，中间的一个斑点形状较小

别名：不详 ｜ 英文名：Woodland brown ｜ 翅展：40~50mm

分布： 朝鲜、日本和中国黑龙江、吉林、辽宁、河南、甘肃、宁夏、陕西、湖北

隐藏珍眼蝶

赏蝶季节：夏季，5~8月
赏蝶环境：林荫处以及灌草丛中

隐藏珍眼蝶的翅面颜色鲜艳，斑纹非常清晰，身形优美，深得人们喜爱。

双框，外框白色或乳白色，内框黑色，中间有白色瞳点

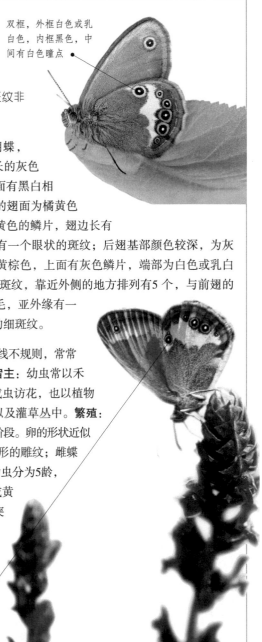

形态 隐藏珍眼蝶是一种中小型蝴蝶，头、胸、腹部为灰色，上面长有很长的灰色或灰黑色的绒毛，触角呈棒状，上面有黑白相间的斑马纹，顶端为橘黄色。前翅的翅面为橘黄色或橙黄色，上面密布着橘黄色或橙黄色的鳞片，翅边长有一圈灰色的绒毛，端部的亚外缘处有一个眼状的斑纹；后翅基部颜色较深，为灰色或灰黑色，中部颜色为浅棕色或黄棕色，上面有灰色鳞片，端部为白色或乳白色，这片白色区域上面有6个眼状的斑纹，靠近外侧的地方排列有5个，与前翅的眼斑一样，翅边长有一圈灰色的绒毛，亚外缘有一条橘黄色的斑带，上面有一条灰色的细斑纹。

习性 **飞行**：速度较缓慢，且飞行路线不规则，常常在林缘及林间阴凉处飞行与活动。**宿主**：幼虫常以禾本科与莎草科植物为宿主。**食物**：成虫访花，也以植物汁液和树汁等为食。**栖境**：林荫处以及灌草丛中。**繁殖**：卵生，经历卵—幼虫—蛹—成虫四个阶段。卵的形状近似于圆 球形或半圆球形，表面有多角形的雕纹；雌蝶常将卵散产在宿主植物的叶面上；幼虫分为5龄，纺锤形，头比前胸大，体表为绿色或黄色，上面有纵纹，且常有2个角状突起，幼虫取食各种草类；蛹为悬蛹。

后翅5个眼斑为三框，外框为黑色，中间框为橘黄色，内框也为黑色，中间还有一个白色瞳点，中间的3个较大，两侧的2个很小或基本没有，另一个眼状斑纹在白色区域的前端

别名：不详 | 英文名：Pearly heath | 翅展：40~50mm

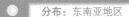 分布：东南亚地区

小眉眼蝶 ▶ 眼蝶科，眉眼蝶属 | 学名：*Mycalesis mineus* L.

小眉眼蝶

赏蝶季节： 春、夏、秋季，3~10月
赏蝶环境： 湿地公园、灌丛中、树林中

小眉眼蝶的翅形圆润，中部浅色斑纹如同眉毛一般，故得其名，又因为眼状斑纹中只有一个非常大，故又名圆翅单环蝶。

形态 小眉眼蝶的翅面为暗褐色，基半部的颜色较深，前翅的中室外部只有一个大眼斑，其外环为浅色，中环为黄褐色，内环为黑色，中间有白瞳，这个眼斑一般在一个方形的浅色区域内，周围偶尔也有类似的较小的单眼，只不过周边没有浅色的区域；后翅的颜色均匀，有时有一个或两个眼斑，较小，不起眼。

小眉眼蝶有春、夏型，春型蝶的翅反面斑纹消失不见，仅留几个小点；夏型的眼斑十分清晰

习性 **飞行：** 速度较为缓慢，并且飞行路线不规则，常常在林缘及林间阴凉处飞行与活动。**宿主：** 幼虫常常以禾本科与莎草科的植物为宿主。**食物：** 成虫访花。**栖境：** 通常栖息在林下与灌丛中。**繁殖：** 卵生，经历卵—幼虫—蛹—成虫四个阶段。卵的形状近似于圆球形或半圆球形，表面有多角形的雕纹，雌蝶通常将卵散产在宿主植物的叶面上；幼虫分为5龄，纺锤形，头比前胸大，体表为绿色或黄色，上面有纵纹，且常有2个角状突起；蛹为悬蛹。

反面颜色接近于大地色，中部有一条浅色斑纹，从前翅前缘延伸到后翅后缘，将翅面分成两部分，外部是一系列盘状单眼

单眼的边缘为暗黄色，有时是紫白色，内部是黑色，中间为白瞳，前翅单眼的数量为2~4个，后翅单眼的数量为5~7个，而斑纹内部没有眼斑

别名：圆翅单环蝶、日月蝶 | 英文名：Dark-branded bushbrown | 翅展：34~37mm

分布： 东南亚、南亚和中国四川、华中地区、华东地区、华南地区

波翅红眼蝶

赏蝶季节：夏季，7~8月

赏蝶环境：草原、开阔的林地、林中空地和森林的边缘

波翅红眼蝶的翅面颜色鲜艳，有一列红色的眼状斑纹，十分显眼，具有较高的观赏价值。

腹部棕褐色，上面有灰白色斑纹

形态 波翅红眼蝶的头、胸部为黑色，并长有黑色绒毛。翅面为棕褐色，基部颜色较深，前、后翅的亚外缘各有一条橙黄色至褐色的斑带，两翅相互连接；前翅斑带的前端颜色较浅，向后逐渐变深，并带有黑褐色的圆形斑点，翅脉将这条斑带分割成一个个的斑点，依次排列，较为紧凑；后翅亚外缘处的斑带为砖红色，呈弧形弯曲，这条斑带是由几个斑点组成的，斑点之间断开，并不相连。

习性 **飞行**：速度并不快，且飞行路线不规则，常在林缘及林间阴凉处飞行与活动。**宿主**：幼虫常以禾本科与莎草科植物为宿主。**食物**：成虫访花。**栖境**：海拔2000m左右的山区。**繁殖**：卵生，二年发生一代，经历卵—幼虫—蛹—成虫四个阶段。卵的形状近似于圆球形或半圆球形，表面有多角形雕纹，雌蝶常将卵散产在宿主植物的叶面上；幼虫分为5龄，纺锤形，头比前胸大，体表为绿色或黄色，上面有纵纹，且常有2个角状突起；蛹为悬蛹。

前翅亚外缘处斑带十分清晰，前宽后窄，带内的黑色斑点较正面小；后翅亚外缘处的斑带比较模糊，翅室内各有一个黑褐色小眼斑

前后翅缘毛为黑白相间

別名：红带山眼蝶 | 英文名：Arran brown | 翅展：37~45mm

● 分布：日本、欧洲、俄罗斯、中亚和中国北京、吉林、黑龙江、河北、山西、新疆

波翅红眼蝶

隐藏珍眼蝶

蛇眼蝶

赏蝶季节：夏季，7~8月

赏蝶环境：平地至海拔2300m的灌木丛

蛇眼蝶的过冬方式很特别，以幼虫越冬，其幼虫在马上入冬的时候从卵里钻出来，然后不吃不喝，趴在草叶上忍受寒冷，直到春暖花开。

形态 蛇眼蝶的头、胸、腹部为褐色，上面长有灰色绒毛；翅面为黑褐色，基部颜色较浅，为浅褐色，端部颜色较深，呈黑褐色至黑色，前翅外缘呈不明显的波浪状，亚外缘区和中部翅室内各有一个黑色的圆形眼斑，前小后大，瞳点为紫灰色，外框的颜色较浅，有点模糊；后翅外缘的波浪状十分明显，仅亚外缘处有一个小小的眼斑，瞳点为紫灰色，有时消失不见。雌、雄两蝶的斑纹差异不大，但雌蝶明显较雄蝶大，且翅面颜色浅，前翅的顶角与外缘处有白色鳞片，其翅面上的眼斑也比雄蝶大。

翅反面为棕色或古铜色，外缘区颜色暗，前翅眼斑模糊并带浅棕黄色外框；后翅前缘中部至臀角处有一条不太清晰的弧形白带

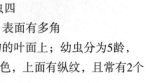

习性 **飞行：**速度较缓慢，且飞行路线不规则，常在林缘及林间阴凉处飞行与活动。**宿主：**水稻、旱熟禾、结缕草等禾本科植物。**食物：**成虫喜访花。**栖境：**平地至海拔2300m的灌木丛。**繁殖：**卵生，经历卵—幼虫—蛹—成虫四个阶段。卵近似于圆球形或半圆球形，表面有多角形的雕纹；雌蝶常将卵散产在宿主植物的叶面上；幼虫分为5龄，纺锤形，头比前胸大，体表为绿色或黄色，上面有纵纹，且常有2个角状突起；蛹为悬蛹。

别名：不详 | 英文名：Dryad | 翅展：55~65mm

玛毛眼蝶

赏蝶季节：夏季，6~8月
赏蝶环境：林荫处以及灌草丛中

玛毛眼蝶有多个亚种，有些亚种的翅面颜色较为鲜艳，而有些亚种的翅面颜色较为灰暗，差异比较大。

形态 玛毛眼蝶的头、胸、腹部为深灰褐色，上面长有灰褐色绒毛；触角细长，呈棒状，顶端为黑色。前翅的翅面为灰褐色，基部颜色较深，为深灰褐色，端部亚外缘处有一个黑色眼状斑纹，中间有2个白色瞳点，亚外缘处有橙黄色斑纹，与周围界限不明确，翅边有一条白色细线纹；后翅翅面也为灰褐色，亚外缘处有3个眼状斑纹，外侧的眼状斑纹比较小甚至消失不见，翅边有一条白色细线纹。

习性 **飞行**：飞行速度较缓慢，且飞行路线不规则，常在林缘及林间阴凉处飞行与活动。**宿主**：幼虫常以禾本科与莎草科植物为宿主。**食物**：成虫访花，也以植物汁液和树汁等为食。**栖境**：林地边缘以及灌草丛中。**繁殖**：卵生，经历卵—幼虫—蛹—成虫四个阶段。卵的形状近似于圆球形或半圆球形；雌蝶常将卵散产在宿主植物的叶面上；幼虫分为5龄；蛹为悬蛹。

外框橙黄色，内框黑色，中间有一个白色瞳点

别名：大墙棕眼蝶 | 英文名：Large wall brown | 翅展：40~50mm

分布：在欧洲大陆较常见

玛毛眼蝶

帕眼蝶

阿芬眼蝶　　　眼蝶科，阿芬眼蝶属　｜　学名：*Aphantopus hyperantusi L.*

阿芬眼蝶

赏蝶季节： 夏季，6~8月
赏蝶环境： 海拔800~2300m的林缘及林间阴凉处

雄蝶与雌蝶翅面上斑纹相似，只是雄蝶比雌蝶的翅面颜色更深一些

阿芬眼蝶的外形并没有十分的突出，但身形较为优美，喜欢翩翩起舞，也为大多数人所喜爱。

形态 阿芬眼蝶是一种中小型蝴蝶，头、胸、腹部为灰褐色，上面长有灰色绒毛，触角细长，呈钩状。翅面呈褐色，上面散布着几个眼状斑点，前翅有三个眼状斑点，大小不一，亚外缘处有一个较小的眼状斑点；后翅有五个眼状斑点。

外框浅色，内框黑色，中间还有一个白色瞳点

习性 **飞行：** 飞行速度较缓慢，常跳跃式飞行，且飞行路线不规则，常在林缘及林间阴凉处活动。**宿主：** 各种草类。**食物：** 成虫不访花，喜吸树汁。**栖境：** 海拔800~2300m的林缘及林间阴凉处。**繁殖：** 卵生，一年仅生一代，经历卵—幼虫—蛹—成虫四个阶段。卵近似圆球形或半圆球形，表面有多角形雕纹；雌蝶常将卵散产在宿主植物的叶面上；幼虫分为5龄，为绿色或黄色，上面有纵纹；蛹为悬蛹。

后翅前两个眼状斑位于中线处，后三个眼状斑位于亚外缘处

翅反面为褐灰色，基部颜色较深，后翅前缘的眼状斑点最小，第二个最大，且反面的眼状斑点比正面清楚很多

别名：不详　｜　英文名：Ringlet　｜　翅展：40~50mm

分布：中国的北京、黑龙江、青海、宁夏、甘肃、陕西、河南、四川、西藏

加勒白眼蝶

赏蝶季节：夏季，7~8月

赏蝶环境：海拔1500~1700m的地方，如森林的空地边缘、草甸和草原

　　加勒白眼蝶喜欢集群活动，在温暖及阳光普照的天气下，可以看到几千只加勒白眼蝶飞舞，场面非常壮观。

形态　雌、雄加勒白眼蝶的颜色与斑纹差异较大，雄蝶的头、胸、腹部为灰色，并长有灰色长绒毛，触角为棒状，顶端红色；前翅翅面为黑色，基部有灰色绒毛，中部有很多白色大斑纹，外缘与亚外缘处有2列白色斑点；后翅基部有灰色绒毛，中部由几个白色大斑纹依次排列组成，外部为黑色，外缘与亚外缘处有2列白色斑点。雌蝶的头、胸、腹部为灰褐色，长有灰褐色绒毛，触角为棒状，顶端为褐色；前、后翅翅面为浅黄色或浅棕色，中部有灰棕色斑纹，亚外缘处有5个眼斑，双框，外框为浅棕色，内框为深棕色，中间有蓝色瞳点，眼斑外侧有一条灰棕色波浪状斑纹。

习性　**飞行**：飞行速度较缓慢，且飞行路线不规则，常在阳光下进行飞行与活动。**宿主**：幼虫常以禾本科与莎草科的植物为宿主。**食物**：成虫访花，也以植物汁液和树汁等为食。**栖境**：海拔1500~1700m处，如森林的空地边缘、草甸和草原。**繁殖**：卵生，经历卵—幼虫—蛹—成虫四个阶段。卵近似于圆球形或半圆球形；雌蝶常将卵散产在宿主植物的叶面或嫩茎上；幼虫分为5龄，取食各种草，如猫尾草、早熟禾等；蛹为悬蛹。

别名：大理石条纹粉蝶　｜　**英文名**：Marbled white　｜　**翅展**：40~50mm

分布：西班牙、法国等欧洲地区以及北非

帕眼蝶

赏蝶季节：夏季，6~8月

赏蝶环境：草坪、林地

帕眼蝶有两个亚种，北欧和东欧亚种、南欧亚种。其翅面上的斑点众多，且喜欢停息于树木上，故又被称为斑点木蝶。

形态 帕眼蝶的头、胸、腹部为黑褐色，上面长有褐色长绒毛，触角细长，呈钩状。雄蝶前翅的翅面呈褐色，上面有淡黄色或奶白色斑点，翅面上还有几个深色眼状斑纹；后翅翅面上有3~4个眼状斑纹。

习性 **飞行**：速度较缓慢，且飞行路线不规则，常在林缘及林间阴凉处活动。**宿主**：幼虫常以禾本科与莎草科植物为宿主。**食物**：成虫访花，也以植物汁液和树汁等为食。**栖境**：针叶林及灌草丛中。群落栖息地会影响它们寻偶的策略，例如在针叶林的雄蝶较喜欢留守等待，而在草坪的雄蝶则会主动寻觅。**繁殖**：卵生，经历卵—幼虫—蛹—成虫四个阶段。卵的形状近似于圆球形或半圆球形；雌蝶常将卵散产在宿主植物的叶面上；幼虫分为5龄，纺锤形，以绒毛草等草类植物为食；蛹为悬蛹。

喜欢飞舞觅偶，眼纹也可以误导鸟类等掠食者，使其只袭击其翅膀的边缘，而非其身体

别名：斑点木蝶 | **英文名**：Speckled wood | **翅展**：40~45mm

分布：北欧、东欧、南欧等地区

潘非珍眼蝶

赏蝶季节：夏季，6~8月
赏蝶环境：林荫处以及灌草丛中

　　潘非珍眼蝶的反面翅面上密布着白色的小绒毛，其停息时将翅膀合起，在阳光的照射下闪闪发光，如珍珠一般。

前翅反面的橙黄色区域以及外缘的浅灰褐色亚顶区各有一个黑褐色圆形眼状斑点

形态 潘非珍眼蝶的头、胸、腹部为黑灰色，上面长有灰色长绒毛，触角细长，呈钩状。翅面颜色为橙黄色，上面散布着灰色长绒毛，外缘区为棕褐色，前翅基部为褐灰色，翅的前缘为褐色；后翅基部为灰褐色。

橙红色的外框较窄，中间有一个黑色的瞳点

习性 **飞行**：速度较缓慢，且飞行路线不规则，常在林缘及林间阴凉处飞行与活动。**宿主**：幼虫常以禾本科与莎草科的植物为宿主。**食物**：成虫访花，也以植物汁液和树汁等为食。**栖境**：林荫处以及灌草丛中。**繁殖**：卵生，经历卵—幼虫—蛹—成虫四个阶段。卵的形状近似于圆球形或半圆球形，表面有多角形的雕纹；雌蝶常将卵散产在宿主植物的叶面上；幼虫分为5龄，纺锤形，头比前胸大，体表的颜色较为单一，为绿色或黄色，上面有纵纹，且通常有2个角状的突起；蛹为悬蛹。

亚顶角区反面的眼状斑点可由正面透出来

后翅的反面为浅黄色，翅面上密布着暗红褐色的细纹，亚外缘区的颜色较暗

别名：不详 | 英文名：Small heath | 翅展：40~50mm

● **分布**：欧洲、北非等地以及中国的新疆

PART 6
178~215页

蛱蝶

枯叶蛱蝶

赏蝶季节： *夏、秋季，5~9月*

赏蝶环境： *低海拔山区的山崖峭壁及葱郁杂木林*

　　1941年，在德军侵略苏联境内时，著名的蝴蝶专家施万维奇设计了一套仿枯叶蛱蝶的防空迷彩伪装服，使得列宁格勒的众多军事目标披上了一层神奇的"隐身衣"，从而有效地防御了侵略军的进攻。

形态 枯叶蛱蝶的体背呈黑色，翅膀呈褐色或紫褐色，并带有青绿色光泽；前翅中部有1条宽大的橙黄色斜带，两侧分布有白色斑点，两翅亚外缘处各有一条深色的波线；前翅顶角处和后翅臀角处分别向前后延伸；翅的背面呈枯叶色，还带有叶脉状的条纹，翅里间还有深浅不一的灰褐色的斑点，很像叶片上的病斑。雌、雄蝶的形态较为类似，唯一的差异在于，雌蝶的翅端较雄蝶更为尖锐并外弯。

习性 **飞行：** 速度比较快且飞得比较高，而一旦受惊，则会以敏捷的动作迅速飞离。**宿主：** 爵床科的植物。**食物：** 成虫不喜访花，喜欢吸食树液、腐果、水液等。**栖境：** 生活于山崖峭壁以及葱郁的杂木林间，常栖息于溪流两侧的阔叶片上。**繁殖：** 卵生，经历卵—幼虫—蛹—成虫四个阶段。卵期约6天；幼虫以蝎子草、红草、马兰等植物为食，5~6龄，以5龄居多，幼虫期约36天；蛹期约10天。

前后翅的外角尖端顶角部分较为尖锐，好似树叶的叶尖和叶柄

别名： 木叶蝶、树叶蝶 | **英文名：** Orange oakleaf | **翅展：** 45~65mm

● | **分布：** 东南亚、南亚和中国云南、四川、西藏、浙江、广东、海南、福建、台湾

玻璃翼蝶

凭借"隐形"翅膀被评为"世界上八大最美的蝴蝶"之一

赏蝶季节： 夏季，6~8月

赏蝶环境： 森林中

　　相传很久以前，在一个山谷里居住着一群通体透明的蝴蝶，它们能看透彼此的心思，没有猜忌和怀疑；后来，一名魔法师告诉它们，在人类世界中如果不懂得隐藏自己的心思，就会吃大亏，他让好奇的蝴蝶们喝下了一瓶可以把心思隐藏起来的魔力水。多年后，魔法师回到山谷，发现已经没有透明的蝴蝶了，原本单纯的世界也不复存在。他想尽力挽回自己的错误，但也只能把蝴蝶变成半透明的样子。

形态 玻璃翼蝶的头、胸、腹部呈灰色或灰黑色，胸前的一对脚已经退化得很短，不易被发现，只易发现4只脚；翅膀呈半透明状，像一层塑料薄膜，只有翅边和端部有一些黄黑相间的条带。

习性 **飞行：** 速度较慢，但飞行能力很强。**宿主：** 幼虫通常以堇菜科、忍冬科、杨柳科、桑科及榆科等植物为宿主。**食物：** 成虫喜访花，食花粉、花蜜、植物汁液等。**栖境：** 森林中。**繁殖：** 卵生，经历卵—幼虫—蛹—成虫四个阶段。雌蝶常将卵散产于宿主植物的叶面上，卵的形状多样；幼虫分为5龄，身体上长有刚毛，常以堇菜属植物为食，以幼虫越冬；蛹为悬蛹。

翅面上既没有色彩，也没有鳞片，是因缺少其他蝴蝶所拥有的色素，而使翅膀像玻璃一样透明

别名： 透翅蝶、透明蝴蝶 | **英文名：** Glasswinged butterfly | **翅展：** 56~61mm

● **分布：** 墨西哥到巴拿马之间

枯叶蛱蝶

忘忧尾蛱蝶

大二尾蛱蝶

赏蝶季节： *夏季，6~8月*
赏蝶环境： *树林间的开阔地及山谷间*

　　大二尾蛱蝶前后翅上的斑纹十分像我国古代军事上常用的弓箭图形，因此又被称为"弓箭蝶"。

翅上两块白色斑纹似拉得满满的弓箭

尾突较尖锐，每后翅两个，像剪刀一样张开

形态 大二尾蛱蝶的翅面呈淡绿色，前翅的外缘有一条黑色的斑带，较宽，斑带中有一列淡绿色的斑纹，这条斑纹是由一个个斑点依次排列组成的，基部颜色较深，为棕褐色，中部也有一条黑色的斑纹，较窄；后翅的外缘也有一条黑色的斑带，斑带中有一列淡绿色的斑纹，只不过这条斑纹比前翅的宽一些，为淡绿色带，后翅有两条尾突，黑褐色，呈剪形突出。两翅的反面为浅绿色，后翅的中部有一条缀着黑边的褐色弧纹，亚外缘处还有一条深褐色的横纹。

习性 **飞行：** 较为迅速，但姿态比较优美，且具有领域行为。**宿主：** 幼虫以山合欢、额垂豆、黑点樱桃、山黄麻等植物为宿主。**食物：** 雄蝶特别喜欢吸食动物的粪便。**栖境：** 通常生活在海拔700~1000m的林间开阔地及山谷中。**繁殖：** 卵生，经历卵—幼虫—蛹—成虫四个阶段。卵的顶端是平的，就像倒过来的凤蝶卵，为浅黄色或黄白色，雌性大二尾蛱蝶将卵散产于宿主植物的叶片上；幼虫为5龄，一龄幼虫从卵中出来的时候有四只角，中间的一对明显较长，进入二龄后就缩小了，头部从黑褐色渐渐转为绿色；蛹为悬蛹。

幼虫浓绿色，身上满布细小的白点，长着四只角，中间一对较大，两侧一对较小

别名： 弓箭蝶、双尾蛱蝶、双尾蝶　|　**英文名：** Great nawab　|　**翅展：** 98~121mm

分布： 东南亚、南亚和中国湖北、浙江、江西、福建、贵州、四川、广东、台湾

忘忧尾蛱蝶

赏蝶季节：夏季，6~8月
赏蝶环境：热带山地的雨林地区以及山顶的苔藓矮林地区

忘忧尾蛱蝶的翅膀上有黑白两种颜色，对比非常明显，飞舞时十分漂亮，具有很高的观赏价值，深得人们的喜爱。

形态 忘忧尾蛱蝶的头部及触角为黑色，头部有白色的斑点，胸部为灰色，腹部为乳白色。翅面也呈乳白色，前翅端部有一大片黑色部分，翅边也有一些黑色斑纹，黑斑上散布着零零星星的白色斑点，亚外缘处有一列白色斑点；后翅的亚外缘有两列黑色的半月形斑点，翅边呈波浪状。前翅的反面中室内有2个黑色的斑纹，略呈纵向排列，中室外两侧各有1个黑色斑点，外缘与亚外缘处各有一列棕色斑纹；后翅反面中部有一条橘黄色斑带，外框为黑色，外缘与亚外缘处各有一列橘黄色的斑带，这两条斑带中间为2列黑色斑点。

习性 飞行：速度较快，飞翔迅速，姿态优美，具有领域行为。宿主：鼠李科的翼核果等植物。食物：成虫喜访花，食花粉、花蜜、植物汁液等，常在潮湿环境中吸水。栖境：热带山地雨林地区以及山顶苔藓矮林地区。繁殖：卵生，经历卵—幼虫—蛹—成虫四个阶段。雌蝶常将卵散产于宿主植物叶面的正面，卵比较大，刚产下时为黄色，后来渐变成红色，卵期约3天；幼虫分为5龄，长筒形，身体上长有刚毛，常以豆科鸡血藤等植物为食；蛹为悬蛹。

后翅有2条尖形的尾突

触角十分细长，呈棒状，顶端为黑色

别名：不详 | 英文名：Shan Nawab | 翅展：80~82mm

分布：越南、缅甸、泰国等地区以及中国的海南、广东、福建、四川、江西、浙江等地

佳丽尾蛱蝶

赏蝶季节： *6~8月*

赏蝶环境： *海平面到海拔300m的森林中*

佳丽尾蛱蝶的翅面上有很多斑点和斑纹，色彩斑斓，十分美丽，如同漂亮的女子一般，故名佳丽。

前翅亚外缘处有一列心形斑纹，外边框为棕褐色，里面为淡粉色

形态 佳丽尾蛱蝶的头、胸、腹部为黑色，上面有淡粉色的斑点和斑纹；触角为黑色棒状。前翅前缘有一条浅棕色斑带，内侧有一条深棕色弧形斑带，其后侧有一大片浅绿色区域，十分亮眼，翅边有一条黑色细线纹，外缘处有一条深棕色斑带。后翅基部有一条淡粉色宽斑带，其内侧有一条深棕色弧形斑带，弧形斑带外侧有一大片浅绿色区域，十分亮眼，翅边有一条黑色细线纹。

习性 **飞行：** 速度较缓慢，姿态非常优美，喜欢在阳光下翩翩起舞。**宿主：** 幼虫通常以堇菜科、忍冬科、杨柳科、桑科以及榆科等植物为宿主。**食物：** 成虫喜访花，食花粉、花蜜、植物汁液等，常喜欢在潮湿的环境中吸水。**栖境：** 海平面到海拔300m的森林中。**繁殖：** 卵生，经历卵—幼虫—蛹—成虫四个阶段。雌蝶常将卵散产于宿主植物的叶面上，卵形状多样；幼虫分为5龄，长筒形，身体上长有刚毛，常以堇菜属植物等为食，以幼虫越冬；蛹为悬蛹。

后翅有2条尾突，内侧为蓝色斑纹

翅的反面与正面大致相同，只是颜色更加鲜艳，斑纹更加清晰

问号蛱蝶

赏蝶季节：春、夏、秋季，5~9月
赏蝶环境：树木繁茂的地区和城市公园中

　　问号蛱蝶的翅面颜色鲜艳，具有较高的观赏价值，但其反面形似枯叶，是一种很好的保护态。

触角又细又长，呈棒状，顶端为红棕色

形态 问号蛱蝶的头、胸、腹部为红棕色或棕褐色，胸部长有棕色绒毛。前翅翅面为橘红色或红棕色，中部有7个黑色斑点，这些斑点的大小、形状不同，中室内有一个大斑和并列的两个小斑，其余各翅室内分别有一个黑斑；后翅翅面颜色较前翅深一些，基部到臀角处的内侧区域长有棕色的绒毛，翅面上散布着黑色和棕褐色的斑纹，翅边的颜色为棕褐色，有一个尖尖的尾突。翅反面的颜色与正面差异较大，类似于枯叶，是一种很好的保护态。

前翅翅边颜色较深，为棕褐色，翅边前部有一个钩状的突起

习性 **飞行**：速度较缓慢，但姿态非常优美，喜欢在阳光下翩翩起舞。**宿主**：幼虫以各种植物为宿主，包括美国榆、红榆、葎草、荨麻和苎麻等。**食物**：成虫喜访花，食花蜜等，但花蜜来源是有限的，也喜吸食腐烂的水果、树液、粪便或腐肉等，并以之为主要食物来源。**栖境**：树木繁茂地区和城市公园中。**繁殖**：卵生，经历卵—幼虫—蛹—成虫四个阶段。卵形状多样，雌蝶常将卵单独或堆叠在植物的叶子下，孵化后的幼虫必须自己找食物以生存；幼虫分为5龄，常以堇菜属植物为食，以幼虫越冬；蛹为悬蛹，通常在早上或下午时分化蛹成蝶。

别名：黄钩蛱蝶　**英文名**：Question mark　**翅展**：45~76mm

分布：加拿大南部、美国东部，南至墨西哥

红锯蛱蝶	蛱蝶科，锯蛱蝶属	学名：*Cethosia biblis* Drury

红锯蛱蝶

赏蝶季节：春、夏、秋季，4~10月

赏蝶环境：山坡灌丛、阔叶林、针叶林

红锯蛱蝶鲜艳的翅膀非常漂亮，除了颜色，身上的图纹就像美国影星玛丽莲·梦露的嘴形，前翅就像梦露美丽的肩形，人们为了纪念梦露，也为了赞叹这种蝴蝶的美丽，故把它命名为梦露蝶。

形态 红锯蛱蝶的前翅和后翅边缘都呈锯齿状，翅边有一列黑色三角斑，里面是一列白色V形斑，前翅V形斑内是一列白色斑点，再里面又是一列白色V形斑；后翅V形斑内是一列黑色斑点；翅面点缀着黑白色条纹和斑点，且翅面颜色没有翅边鲜艳。除橘红色翅面外，有些雌蝶拥有灰绿色翅面，但数量较少。

习性 **飞行**：较迅速，路线不规则，常于树林开阔处活动。**宿主**：幼虫以西番莲科的蛇王藤为宿主。**食物**：成虫以杯叶西番莲为食，也食腐烂水果，喜访马缨丹、仙丹花、九重葛等。**栖境**：山坡灌丛、阔叶林、针叶林，海拔400~1000m处，其中500~600m占多数，如重庆武隆、巫山、石柱等地均有采集到红锯蛱蝶。**繁殖**：卵生，卵产于蛇王藤的叶面上，一个卵块有几十粒；初龄幼虫有群集性，数量较多；蛹悬挂在宿主的枝、叶上；卵期8~11天，幼虫期12~16天，蛹期8~9天，从卵发育成蝶需要约1个月。

别名：花裙蛱蝶、梦露蝶、黑缘红蛱蝶、华西裙纹蛱蝶	英文名：Red lacewing	翅展：70~85mm

分布：缅甸、泰国、马来西亚等和中国四川、西藏、云南、广东、广西等地

白带锯蛱蝶

赏蝶季节：春、夏、秋季，4~10月
赏蝶环境：林缘地带、灌木丛

白带锯蛱蝶的色彩和斑纹与红锯蛱蝶极相似，翅膀颜色漂亮，身上的图纹就像玛丽莲·梦露的嘴形，前翅就像梦露的肩形，故把它和红锯蛱蝶一起命名为梦露蝶。

形态 白带锯蛱蝶的翅膀是橘红色或橘黄色，前翅和后翅边缘都呈锯齿状，翅边有一列黑色三角斑，里面是一列白色V形斑；前翅端部有一大批黑色区域，其中部有一条白色斑带，倾斜，较宽，周围还有一些白色斑点；后翅亚外缘有一列黑色小斑点，整齐排列；翅面橘红色或橘黄色部分上散布着零星的黑色斑点。

习性 **飞行：**速度较缓慢，但姿态优美，喜低飞，可供喜庆场合放飞，尤其适合在生态蝴蝶园内放飞。**宿主：**西番莲科的三开瓢、滇南蒴莲、杯叶西番莲、龙珠果等植物。**食物：**成虫喜访花，喜在马缨丹等蜜源植物上吸食花蜜。**栖境：**林缘地带与灌木丛。**繁殖：**卵生，经历卵—幼虫—蛹—成虫四个阶段。卵初产时呈淡黄色，后逐渐变深，近孵化时呈浅黑褐色；雌蝶1次产卵约70粒；幼虫分为5龄，半透明，有光泽，体呈圆柱形，体表为浅黄色，后逐渐变为褐黄色；蛹为悬蛹。

该蝶为雌、雄异型，色彩艳丽，是观赏蛱蝶的极品之一

别名：泰裙纹蛱蝶、齿缘白带蛱蝶、紫白蝶 | **英文名：**Leopard lacewing | **翅展：**35~39mm

● **分布：**泰国、马来西亚、印度尼西亚和中国的海南、云南、广东、广西、四川

紫闪蛱蝶

赏蝶季节：春、夏、秋季，5~10月
赏蝶环境：森林中

紫闪蛱蝶的翅面上有一大片蓝紫色区域，典雅高贵，并且翅面在阳光的照射下有紫色的闪光，故得其名。

雄蝶的翅面在阳光照射下有紫色闪光，雌蝶则没有

形态 紫闪蛱蝶的头、胸、腹部为褐色或棕色，长有棕色或褐色绒毛，触角很长，为棒状。翅面呈黑褐色或深棕色，上面有白色线条和小的橙色环状斑纹。前翅顶角处有2个白色斑点，中室外有5个白色斑点，下方有3个白色斑点，中室内有4个黑色斑点；后翅中部有1条白色横带，其下方有1个小的眼状斑纹。

习性 **飞行**：较迅速，习惯在树林顶上高飞。**宿主**：幼虫通常以毛白杨、山杨、垂柳等杨柳科植物为宿主。**食物**：成虫喜欢在溪边的湿地吸水，地上如果有腐尸的话，雄蝶会被吸引而前往摄食。

栖境：森林中。**繁殖**：卵生，1年可发生3代，经历卵—幼虫—蛹—成虫四个阶段。卵初生时为翠绿色，后颜色逐渐变深，为绿色，半香瓜形，卵期5~7天；幼虫分为5龄，呈绿色，上面有白色和黄色斑点，且有两个大触角，以幼虫在树皮缝内越冬；蛹为悬蛹。

反面的前翅上有1个黑蓝色眼状斑纹，周围有棕色外框；后翅白色横带上端很宽，下端比较尖削，成楔形带，中室端部尖的突出十分显著

别名：帝王紫蛱蝶　|　英文名：Purple emperor　|　翅展：59~64mm

分布：中欧、中亚和中国大部分地区

细带闪蛱蝶

赏蝶季节：5~9月，以7
　　　　　月为最盛
赏蝶环境：森林中靠近河流
　　　　　的地方

细带闪蛱蝶的翅膀非常漂亮，在阳光照射下会有蓝紫色闪光，给人一种高贵典雅的感觉。

形态 细带闪蛱蝶的头、胸、腹部为黑褐色或棕色，长有棕色或褐色绒毛，触角很长，为棒状。雄蝶的翅面呈黑色或黑褐色，带有红色及黄色的条纹，在阳光照射下泛蓝紫色的闪光，前翅中部有2个细窄的白色斑点，中室外有5个细窄的白色斑点，下方还有2个同样的白色斑点，亚外缘的后部区域有一个眼状斑纹，其外框是橘红色的，内部是黑色的；后翅翅背上有一条细窄的白色带状斑纹，亚外缘处有一列白色斑点，整齐排列，组成一条斑点链，臀角处也有一个黑色眼斑，外框为橘红色。雌蝶没有蓝紫色的闪光，翅面颜色较雄蝶淡一些。

习性 **飞行**：速度较缓慢，姿态非常优美。**宿主**：幼虫通常以堇菜科、忍冬科、杨柳科、桑科以及榆科等植物为宿主。**食物**：成虫喜访花，喜食花粉、花蜜、植物汁液等，且通常喜欢在潮湿的环境中吸水。**栖境**：森林里，且通常会在靠近河流的地方出没，它的最大栖息地在匈牙利南部的德门科森林。**繁殖**：卵生，一年可发生2~3代，经历卵—幼虫—蛹—成虫四个阶段。雌蝶常将卵散产于宿主植物的叶面上，卵的形状多样；幼虫分为5龄，长筒形，身体上长有刚毛，其通常以堇菜属植物等为食，以3龄幼虫越冬；蛹为悬蛹。

在欧洲受到很严格的保护，一只价钱相当于二三百美元

雌蝶生命中的大部分时间都在树叶间度过

別名：不详　｜英文名：Freyer's purple emperor　｜翅展：55~70mm

分布：朝鲜、日本、中东欧和中国陕西、内蒙古、黑龙江、吉林、辽宁、北京

孔雀蛱蝶

赏蝶季节： 几乎全年可见

赏蝶环境： 宽阔的草原上

胸、腹部和后翅的基部长有棕黄色的绒毛

鸟类非常喜欢吃孔雀蛱蝶，将其当成一种美味，而它们经常先一动不动地装死，然后突然展开带有眼状斑纹的翅膀，经常能把捕食的鸟类吓退，以此保住性命。

形态 孔雀蛱蝶的翅面呈美丽的朱红色，外缘颜色稍微暗一些。前翅前缘基半部有细而短的黄色横纹，中室内有一个黑色斑点，端部有一大块黑斑，其与翅顶角的孔雀翎状斑纹相连；后翅颜色比较暗，中室下方呈朱红色，翅的顶角又有一个孔雀翎状斑纹。翅的反面呈黑褐色，并有很密的黑色波纹。雌、雄两型相似，只不过雌蝶的翅膀表面颜色较淡。

习性 **飞行：** 迅速，活动灵敏。**宿主：** 定经草、大安水蓑衣、车前草等。**食物：** 成虫喜访花。**栖境：** 平地至低海拔的林地、草木茂盛处。**繁殖：** 卵生，经历卵—幼虫—蛹—成虫四个阶段。卵为淡绿色，瓜形；幼虫分为5龄；一年可发生两代，第二代以成虫越冬；蛹期第一代9~11天，第二代（8月份）8~10天。

前翅孔雀翎状斑纹呈椭圆形，中间为紫红色，外围呈淡蓝色，并和黄色鳞片相交

亚外缘的翅脉间有5个小白点，其中有3个分布在孔雀翎状的斑纹中

别名：不详 | 英文名：Peacock pansy | 翅展：50~60mm

分布：日本、朝鲜、北欧和中国北京、河北、陕西、宁夏、黑龙江、吉林、青海

钩翅眼蛱蝶

赏蝶季节：8~10月

赏蝶环境：平地至低海拔的山区

　　钩翅眼蛱蝶的前翅端部有一个钩状突起，故名钩翅，其体色近似枯叶或树皮，是一种很好的拟态，起到保护作用。

翅反面的斑纹与正面大致类似，颜色更深，为黑灰色

形态 钩翅眼蛱蝶的头、胸、腹部为褐色，头部长有褐色短绒毛。前翅的翅面呈黑褐色，翅边卷起呈钩状，基部有4条棕黑色细线，两两相连围成一个近圆形，翅中部有一条棕黑色细线，亚外缘处也有2条细线，呈黑色，较中部的线颜色浅一些；后翅近外缘处的各翅脉间都有一列并不明显的眼纹，眼纹内有小黑色斑点，中线前端有2个黄白色或浅黄色斑点，前面的一个较大，后面的一个较小，后翅近肛角处有一个角状的外突。

习性 **飞行**：速度较缓慢，姿态十分优美。**宿主**：幼虫通常以堇菜科、忍冬科、杨柳科、桑科及榆科等植物为宿主。**食物**：成虫喜欢访花，吸食花粉、花蜜、植物汁液等，也喜吸食树汁、腐果等，常喜欢在潮湿环境中吸水。**栖境**：平地至低海拔山区。**繁殖**：卵生，经历卵—幼虫—蛹—成虫四个阶段。雌蝶常将卵散产于宿主植物的叶面上，卵形状多样；幼虫分为5龄，长筒形，身体上长有刚毛，其通常以堇菜属植物等为食，以幼虫越冬；蛹为悬蛹。

触角十分细长，呈棒状，顶端为橘红色

其貌不扬，显得很普通，正面褐色环形波纹，翅面上有一个小的白点

别名：不详 | **英文名**：Chocolate pansy | **翅展**：55~60mm

分布：东南亚、南亚和中国江苏、浙江、湖南、江西、四川、西藏、广东、广西、海南、台湾

翠蓝眼蛱蝶

赏蝶季节： *6~11月*

赏蝶环境： *低山地带的路旁及开阔荒芜的草地*

　　翠蓝眼蛱蝶的后翅为翠蓝色，在阳光照射下会发出蓝色闪光，耀眼且漂亮。

外围橙色，中间黑色，最里面白色

形态 翠蓝眼蛱蝶的雌、雄两型差异较大，雄蝶前翅面基半部分呈深蓝色或蓝黑色，带有黑色天鹅绒般光泽，中室部分有2条不明显的橙色棒带，亚外缘处有2个眼状斑纹，有时并不明显，翅边有一圈花纹，颜色较浅，为浅棕色或浅灰色，端部也有一片浅颜色的区域；后翅面的基部为深褐色，翅边也有一圈花纹，亚外缘处也有2个眼状斑纹。雌蝶为深褐色，前翅的中室内有2个橙色的棒带和2个眼状斑纹；后翅大部分区域为深褐色，眼状斑纹比雄蝶的醒目。

习性 **飞行**：喜欢在道路两旁的低空飞舞。**宿主**：水蓑衣属、金鱼草等植物。**食物**：成虫喜访花。**栖境**：通常生活在低山地带的路旁及开阔荒芜的草地。**繁殖**：卵生，经历卵—幼虫—蛹—成虫四个阶段。幼虫分为5龄，以水蓑衣属、金鱼草等植物为食。

翠蓝眼蛱蝶的季节型差异明显，秋型的前翅反面颜色较深，后翅多为深灰褐色；夏型的翅面为灰褐色，前翅的眼纹非常明显；冬型的颜色比较深暗，所有的斑纹都不十分明显

后翅大部分区域呈宝蓝色光泽

别名：青眼蛱蝶、孔雀青蛱蝶、蓝地蝶、孔雀纹青蛱蝶 ｜ 英文名：Blue pansy ｜ 翅展：50~60mm

分布：东南亚、南亚和中国陕西、浙江、云南、四川、广西、广东、香港、福建、台湾

鹿眼蛱蝶

赏蝶季节： *6~8月*

赏蝶环境： 草丛与灌木丛中

鹿眼蛱蝶翅面上的斑纹非常漂亮，有几个眼状斑纹，就像鹿眼一样，具有较高的观赏价值。

头、胸、腹部呈褐色，胸部长有褐色绒毛

形态 鹿眼蛱蝶的翅膀大部分呈褐色，前翅中室内有2个橙色或橘黄色斑纹，斑纹的两侧为黑色的细线，翅边有一圈不太明显的白边，亚外缘处有2个眼状斑纹，一前一后，前面的较小且不明显，后面的较大，端部的亚外缘处有一条浅红色的斑带；后翅翅边有2圈波浪状斑纹，亚外缘处也有2个眼状斑纹，一前一后，前面的较大，后面的较小。

习性 **飞行：** 速度较缓慢，姿态十分优美。**宿主：** 幼虫通常以堇菜科、忍冬科、杨柳科、桑科以及榆科等植物为宿主。**食物：** 成虫喜访花，食花粉、花蜜、植物汁液等，且喜欢在潮湿环境中吸水。**栖境：** 草丛与灌木丛中，雄蝶喜欢栖息在裸露的地面或低矮植物上。**繁殖：** 卵生，经历卵—幼虫—蛹—成虫四个阶段。雌蝶常将卵单产于宿主植物的叶面或嫩芽上，卵形状多样；幼虫分为5龄，身体上长有刚毛，常以芭蕉科植物的叶、花和果实为食，以幼虫越冬；蛹为悬蛹。

触角又细又长，呈棒状，顶端为黑色

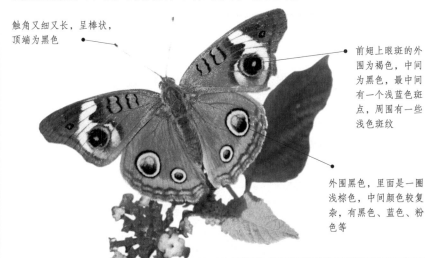

前翅上眼斑的外围为褐色，中间为黑色，最中间有一个浅蓝色斑点，周围有一些浅色斑纹

外围黑色，里面是一圈浅棕色，中间颜色较复杂，有黑色、蓝色、粉色等

别名：不详 | 英文名：Common buckeye | 翅展：40~50mm

分布：美国的南部、中部等地区

黄裳眼蛱蝶

前翅翅边的黑色斑纹较窄，上面还有一条白色的斑点链，后缘的斑纹较宽，中间还有一个突起

赏蝶季节：除3月外，全年可见
赏蝶环境：草丛与灌木丛中

　　黄裳眼蛱蝶的翅面大部分为鲜艳黄色，后翅的蓝色斑点像眼睛一样，非常漂亮，故得其名。

形态 黄裳眼蛱蝶的翅面上大部分区域为亮黄色，前翅翅端有一片黑色三角形区域，里面零散地分布着白色或浅黄色斑点，翅边与后缘都有一条黑色斑纹；后翅基部为一大片黑色，黑色区域中间有一个大蓝斑，闪闪发光，后翅下半部分浅黄色。翅反面呈黄褐色，前翅外部有一大一小两个圆斑纹；后翅有波浪状褐色线纹。

习性 **飞行**：速度较缓慢，姿态十分优美。**宿主**：通常以爵床科的假杜鹃等植物为宿主。**食物**：成虫喜访花，食花粉、花蜜、植物汁液等，且喜欢在潮湿的环境中吸水。**栖境**：草丛与灌木丛中。**繁殖**：卵生，经历卵—幼虫—蛹—成虫四个阶段。雌蝶常将卵散产于宿主植物的叶面上，卵形状多样；幼虫分为5龄，身体为深褐色或灰色，上面有白色和蓝色的斑点组成的长筒形条纹，身体上长有刚毛，常以堇菜属植物等为食，以幼虫越冬；蛹是暗红色，头部圆钝，为悬蛹。

后翅翅边呈波浪状，有一条白色斑纹，亚外缘有一条黑色斑纹

头、胸、腹部为棕色或深褐色，且胸部长有褐色绒毛

雌性黄裳眼蛱蝶和雄蝶的斑纹差不多，只不过颜色略微黯淡一些

別名：不详 | 英文名：Yellow pansy | 翅展：50~55mm

● 分布：东南亚、南亚、非洲和中国的海南、广东、四川、云南等地

斑马纹蝶 | 蛱蝶科，蛱蝶属 | 学名：*Zebra heliconian* L.

斑马纹蝶

赏蝶季节：*6~8月*

赏蝶环境：*热带森林中或林地边缘，潮湿的地方*

头部和胸部有白色的斑点

斑马纹蝶的保护武器
是由黑色粗线条组成的警戒
图案，受到威胁时，它能释
放出一种臭味。听到有敌人来犯
时，它也可以扭动身体，制造出吱吱
嘎嘎的声音，以此吓走前来的捕食者。

形态 斑马纹蝶是一种中型蝴蝶，其头、
胸、腹部为黑色，触角很长，极细，呈棒状，
顶端为黑色。前翅的翅面为黑色，上面有3条白色斑
带，端部的亚外缘处有一条较窄斑带，中部有一条，还有
一条从基部发出，延伸到后缘；后翅的翅面也为黑色，中部
有一条宽白带，外缘处和亚外缘处各有一列白色斑点，靠近臀角
处的斑点最大，越往端部斑点越小，外缘的斑点到中部消失不见。

习性 **飞行**：速度较缓慢，但飞行能力强，善迁徙。**宿主**：幼虫通常以堇菜科、忍
冬科、杨柳科、桑科以及榆科等植物为宿主。**食物**：成虫喜欢吸食花粉、花蜜、植
物汁液等，喜欢在潮湿的环境中吸水。**栖境**：热带森林中或林地边缘。**繁殖**：卵
生，经历卵—幼虫—蛹—成虫四个阶段。雌蝶常将卵散产于宿主植物的叶面上，卵
形状多样；幼虫分为5龄，颜色为白色，上面有黑色斑点，身体上有长刚毛，常以不
同种类的西番莲属等植物为食，以幼虫越冬；蛹为悬蛹。

腹部有白色的横条纹

后翅基部有
一个亮红色
小斑点

网蛱蝶

触角很长，较细，呈棒状，上面有黑白相间的斑马纹，顶端为橙黄色与黑色

赏蝶季节：6~8月

赏蝶环境：开阔的草原

网蛱蝶的翅面就像一张网，斑纹复杂，但十分漂亮，在阳光下翩翩起舞，身形非常优美。

形态 网蛱蝶是一种中型蝴蝶，头、胸、腹部为黑灰色，头部有白色斑点，胸部长有黑灰色绒毛。前后翅的翅面为黄色或橙黄色，有很多黑褐色斑纹；前翅从基部到端部大致有7条斑纹，后翅基部为黑褐色，从基部到端部大致有5条斑纹，外缘处的1列为月牙形，第二条斑纹与第三条斑纹中间有4个黑色小斑点。

前后翅的翅边都长有一圈白绒毛

习性 飞行：速度较缓慢，但飞行能力强，姿态优美。宿主：幼虫常以堇菜科、忍冬科等植物为宿主。食物：成虫喜访花，食花粉、花蜜、植物汁液等。栖境：开阔的草原上。繁殖：卵生，经历卵—幼虫—蛹—成虫四个阶段。一年可发生1~2代，在温暖地区可发生2代；雌蝶常将卵集中产于宿主植物的叶片背面，一个叶片上最多有200多枚卵；幼虫5龄，常以车前属植物等为食，以幼虫越冬；蛹为悬蛹，蛹期2~3周；成虫的寿命最多3周。

前翅斑纹都从前缘一直延伸到后缘，外缘处是1列月牙形的黑褐色斑纹，亚外缘和中域是2列宽带状的黑褐色斑纹

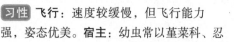

幼虫长筒形，颜色为白色，上面有黑色斑纹，身体上长有刚毛

别名：庆网蛱蝶 | 英文名：Glanville fritillary | 翅展：40~45mm

● ▶ 分布：朝鲜、欧洲、北非以及中国的北京、山西、宁夏、河南等地

大网蛱蝶

赏蝶季节：*5月和8~9月*
赏蝶环境：*丘陵、山岭的灌丛与草甸附近*

　　大网蛱蝶的翅膀张开，整个翅面上的斑纹就像一张大网一样，在阳光下飞行给人一种压迫感。

前翅的反面颜色略淡，顶角处呈黄白色，斑纹与前面类似

形态　大网蛱蝶的翅面为橙黄褐色，散布着很多黑色斑纹。前翅的中室基部有一个长形环纹，中部有一个"8"字形斑纹，基部又有一个"0"字形黑褐色斑纹，两者合成一个"80"字样，中室外的各室内都有2个斑纹，在翅中部连成一条黑带，似"之"字形。后翅中部有一个倒"U"形斑纹，其周围有细线组成的网状纹，翅中部有2列黑色斑带，形状较大。

习性　**飞行**：速度较缓慢，姿态优美。**宿主**：大多是低矮野草，如地黄、漏芦、车前、婆婆纳等。**食物**：成虫喜访花，食花粉、花蜜、植物汁液等，喜欢在潮湿环境中吸水。**栖境**：大多生活在丘陵、山岭的灌丛与草甸附近。**繁殖**：卵生，经历卵—幼虫—蛹—成虫四个阶段。一年可发生两代，5月成虫发生第一代，8~9月发生第二代。雌蝶常将卵散产于宿主植物的叶面上，卵形状多样；幼虫分为5龄，长筒形，身体上长刚毛，常以堇菜属植物为食，以幼虫越冬；第二年春末化蛹，蛹为悬蛹。

后翅反面呈灰黄色，基部和亚端部各有1条橙黄色横带，两侧有暗褐色新月形斑纹

狄网蛱蝶

赏蝶季节：3~10月

赏蝶环境：草地与路边

狄网蛱蝶的翅面颜色鲜艳，斑纹漂亮，在阳光照射下，翅膀呈半透明状。

形态 狄网蛱蝶是一种中型蝴蝶，雌、雄两蝶的差异较大。雄蝶的头、胸、腹部呈黑褐色，胸部长有褐色绒毛，触角又细又长，呈棒状，顶端为橘红色；前后翅的翅面为橘黄色或橙黄色，基部颜色深，外缘处与亚外缘处各有一列黑色半月形斑纹，其他部分散布着黑色斑点与斑纹，杂乱。雌蝶的头、胸、腹部呈黄褐色，胸部长有褐色绒毛，触角又细又长，呈棒状，顶端为黄褐色；前翅的翅面为暗黄色，上面密布着黑色斑纹，外缘处与亚外缘处的2列斑纹为黑色半月形，外侧4条斑纹都从前缘一直延伸到后缘；后翅翅面为橙黄色，基部颜色深，为黄褐色，外缘处与亚外缘处各有一列黑色半月形斑纹，中部散布着黑色斑点。

习性 **飞行**：姿态优美，速度较缓慢。**宿主**：幼虫通常以堇菜科、忍冬科、杨柳科等植物为宿主。**食物**：成虫喜访花，食花粉、花蜜、植物汁液等，喜欢在潮湿环境中吸水。**栖境**：草丛与灌木丛中。

前后翅边长有一圈白色绒毛

繁殖：卵生，经历卵—幼虫—蛹—成虫四个阶段。雌蝶常将卵散产于宿主植物的叶面上；幼虫分为5龄，长筒形，身体上长有刚毛，取食各种植物，包括车前草、矢车菊和洋地黄等；蛹为悬蛹。

别名：不详 | **英文名**：Spotted fritillary | **翅展**：35~50mm

分布：南部和中部欧洲、北非、中亚和西伯利亚

帝网蛱蝶

赏蝶季节：6~8月

赏蝶环境：从海平面到高山的草地中

帝网蛱蝶翅面上的黑褐色斑纹像网一样，给人一种深深的压迫感，故得其名。

形态 帝网蛱蝶是一种中型蝴蝶，雌、雄两蝶差异较大。雄蝶的头、胸、腹部呈黑褐色，胸部长有褐色绒毛，前后翅的翅面为黑褐色，翅边长有一圈白色绒毛，前翅中室内有3个橘黄色斑纹，翅面中后部有3列橘黄色斑点，最外侧的斑点最小，内侧的斑点大很多；后翅基部为黑褐色，翅面中后部有3列橘黄色斑点，这些斑点的形状、大小基本相同，排列十分整齐。雌蝶的头、胸、腹部呈橄榄色，胸部长有橄榄色绒毛，顶端为橘黄色，前后翅的翅面为橄榄色，翅边长有一圈白色与橄榄色相间的绒毛，前翅亚外缘有2列黄色斑点，外侧为半月形，内侧为圆形；后翅的斑纹与雄蝶的大致相同。

触角又细又长，呈棒状，上面有黑白相间的斑马纹，顶端为橘黄色

习性 **飞行**：姿态优美，速度较缓慢。**宿主**：幼虫通常以堇菜科、忍冬科、杨柳科、桑科以及榆科等植物为宿主。**食物**：成虫喜访花，食花粉、花蜜、植物汁液等，喜欢在潮湿环境中吸水。**栖境**：草地上，喜欢停留在地面上或停驻在花草茎梢上。**繁殖**：卵生，经历卵—幼虫—蛹—成虫四个阶段。雌蝶常将卵散产于宿主植物的叶面上；幼虫分为5龄，长筒形，身体上长有刚毛，常以堇菜属植物等为食，以幼虫越冬；蛹为悬蛹。

别名：不详 | 英文名：False heath fritillary | 翅展：不详

 分布：不详

绿豹蛱蝶

赏蝶季节：*6~8月*

赏蝶环境：*落叶林地*

　　绿豹蛱蝶翅面上的斑纹就像豹子身上的花纹一样，非常漂亮。

前翅从基部发出的4条横纹是性标，一直到中室，中室内有4条短纹

形态　绿豹蛱蝶为雌、雄异型，雄蝶的翅面为橙黄色或黄褐色，基部颜色较暗，且密布着褐色绒毛，翅面上有很多黑色斑纹；前翅从基部发出4条横纹，翅的外缘处有1列黑色斑点，其内侧还有2列平行的黑色斑点；后翅翅边为微波状，翅外缘有一列黑色斑纹，其内侧还有2列黑色斑点，中室还有几个斑点排列比较杂乱。雌蝶的翅呈暗灰色至灰橙色，黑斑也较雄蝶发达一些。

习性　**飞行**：善飞行，比其他豹蛱蝶活跃得多，喜欢在树冠上滑翔。**宿主**：幼虫常以堇菜科、忍冬科、杨柳科等植物为宿主。**食物**：成虫喜食花粉、花蜜、植物汁液等，常以悬钩子、蓟及矢车菊属的花蜜和蚜虫蜜露为食。**栖境**：落叶林地，尤其是针叶林内的榉树上。**繁殖**：卵生，经历卵—幼虫—蛹—成虫四个阶段。雌蝶在林地地面高1~2m的树皮上产卵，卵于8月孵化，幼虫次年春天以紫罗兰等植物为食，6月化蛹。

反面前翅的端部为灰绿色，后翅亦为灰绿色，并带有金属光泽

幼虫会立即冬眠一直到春天，醒来后掉到地上，以紫罗兰等植物为食，然后在地面植物上结蛹，6月化蝶

别名：绿豹斑蝶　｜　英文名：Silver-washed fritillary　｜　翅展：65~68mm

分布：欧洲、非洲、日本、朝鲜和中国大部分地区

蜘蛱蝶

赏蝶季节：*6~8月*
赏蝶环境：温带地区的森林中

蜘蛱蝶翅面上的斑纹复杂，尤其是后翅，就像蜘蛛结出的蛛网一样，非常形象，故得其名。

形态 蜘蛱蝶的前翅翅面为橘黄色，基部颜色较深，为黑色，中部有很多大黑斑和斑点，亚外缘有一列黑色斑点，组成一条斑点链；后翅翅面为橘黄色，基部颜色较深，为黑色，中部有几个大黑斑纹，外缘有一列半圆形斑点，中间有浅紫色鳞片，亚外缘有一列黑色斑点。

胸部长有褐色绒毛，腹部上有好几圈黄色细线

后翅翅边呈微波状，波谷处有白色绒毛

习性 飞行：姿态优美，速度缓慢。宿主：幼虫常以堇菜科、忍冬科、杨柳科、桑科及榆科等植物为宿主。食物：成虫喜访花，食花粉、花蜜、植物汁液等，常在潮湿环境中吸水。栖境：温带地区的森林中。繁殖：卵生，经历卵—幼虫—蛹—成虫四个阶段。雌蝶常将卵散产于宿主植物的叶面上，卵形状多样；幼虫分为5龄，常以堇菜属植物等为食，以幼虫越冬；蛹为悬蛹。

头、胸、腹部呈黑色，头部长有黄色绒毛

蜘蛱蝶的色彩美丽，体肢和翅面上满布着鳞片和毛，故2对翅为鳞翅

别名：欧洲地图蝶 | 英文名：Spider butterfly | 翅展：40~50mm

分布：遍及欧洲，扩展到整个温带亚洲地区

绿斑角翅毒蝶 ▶ 蛱蝶科，蛱蝶属 | 学名：*Siproeta stelenes* L.

绿斑角翅毒蝶

赏蝶季节： *6~8月*

赏蝶环境： *温带地区的森林与草地中*

绿斑角翅毒蝶的颜色鲜艳，翅膀花纹鲜明，是一种很好的警戒色，并具有很强的毒性，可防御侵略者的袭击。

亚外缘处有一列浅绿色斑点，界线不分明

形态 绿斑角翅毒蝶的头、胸、腹部呈黑色，上面长有深蓝色绒毛。前翅的翅面为黑色，中室内有2个亮绿色斑点，翅边呈微波状，波谷处有白色斑纹；后翅翅面也为黑色，基部为亮绿色，中部有一列亮绿色斑点，较清晰，翅边呈波浪状，波谷处有白色斑纹，还有一个较短的尾状突起。

习性 **飞行：** 速度较缓慢，姿态非常优美，因色彩鲜艳，具有毒性，所以不用躲避攻击者的袭击。**宿主：** 堇菜科等植物。**食物：** 成虫喜访花，吸食花蜜等。**栖境：** 温带地区的森林与草地中。**繁殖：** 卵生，经历卵—幼虫—蛹—成虫四个阶段。雌蝶常将卵散产于宿主植物的叶面上，卵的形状多样；幼虫分为5龄，长筒形，身体上长有刚毛，常以堇菜属植物等为食，以幼虫越冬；蛹为悬蛹。

前翅反面为浅咖啡色，中部有较大淡绿色斑点，斑点周围有黑色边框，极细

触角又细又长，呈棒状，顶端为蓝色

别名：不详 | 英文名：Malachite | 翅展：85~100mm

▶ 分布：美国的中部和南部以及巴西的南部等地区

潘豹蛱蝶

赏蝶季节： 4~9月

赏蝶环境： 森林中以及草地、灌草丛中

潘豹蛱蝶具有多个亚种，其翅面颜色较为鲜艳，斑纹众多，就像豹子身上的花纹。

形态 雄性潘豹蛱蝶的触角又细又长，呈棒状，顶端为橘红色；腹部的前端为黄褐色并长有黄褐色绒毛，中后端为亮蓝色，后端还长有黄色长绒毛。前翅的翅面为黄色，中室内有4条黑色的斑纹，中后端共有4列黑色斑点，最外侧那一列斑点两两相连，形成一条斑点链，最内侧的斑点排列不整齐，各翅室内斑点有交错，脉纹为黑色，比较清晰；后翅的翅面颜色较前翅淡一些，为暗黄色，靠近腹部一侧翅边长有白色和暗黄色长绒毛，中后部有4列黑色斑点，最外侧一列与最内侧一列的斑点间相连，形成2条斑带，中间的2列为一个个的圆形斑点，翅边呈波浪状，有一条极窄的黄白色线纹。雌蝶的复眼为红色，触角很长，极细，呈棒状，顶端为白色，前、后翅的斑纹与雄蝶基本相同，只是雌蝶的翅面颜色浅一些。

习性 **飞行：** 姿态优美，速度较慢。**宿主：** 幼虫通常以堇菜科、忍冬科、杨柳科、桑科以及榆科等植物为宿主。**食物：** 成虫喜访花，食花粉、花蜜、植物汁液等，常在潮湿环境中吸水。**栖境：** 森林中以及草地、灌草丛中。**繁殖：** 卵生，经历卵—幼虫—蛹—成虫四个阶段。雌蝶常将卵散产于宿主植物的叶面上，卵形状多样；幼虫分为5龄，常以堇菜属植物等为食，以幼虫越冬；蛹为悬蛹。

头、胸部呈黄褐色，上面长有黄绿色的绒毛

前翅上面满布着黄色鳞片

别名：不详 ｜ 英文名：Cardinal ｜ 翅展：64~80mm

分布：欧洲南部地区、非洲北部和西部以及中亚

小豹蛱蝶

赏蝶季节： *5~8月*

赏蝶环境： *温带地区的森林中*

　　小豹蛱蝶身上的斑纹较多，但较其他豹蛱蝶属的蝴蝶来说，其斑纹较少且较小，故得其名。

前翅亚外缘处有2列
黑色或黑褐色斑点，
组成2条斑点链

形态 小豹蛱蝶的头、胸、腹部为棕褐色，长有褐色绒毛，腹部很长，触角呈棒状。前翅的翅面为棕黄色或棕褐色，散布着很多黑色或黑褐色斑纹，中室的基部发出5条斑纹，呈波浪状，前2条斑纹组成了一个类似葫芦形的圆圈，中部散布着一些斑点；后翅的翅面也为棕黄色或棕褐色，基部颜色较深，中部有几条黑色或黑褐色斑纹，形状曲折，臀角处有2个深色大斑块。

习性 **飞行：** 速度比较慢，但飞行能力很强，可以长时间不休息。**宿主：** 幼虫通常以堇菜科、忍冬科等植物为宿主。**食物：** 成虫喜访花，食花粉、花蜜、植物汁液等。**栖境：** 温带地区的森林中。**繁殖：** 卵生，一年仅可发生一代，经历卵—幼虫—蛹—成虫四个阶段。雌蝶常将卵单产于宿主植物的叶面上，形状多样；幼虫分为5龄，常以堇菜属植物和悬钩子属植物等为食，以幼虫越冬；蛹为悬蛹。

翅反面的斑纹与正面相同，
只是颜色略淡一些

幼虫为蠕虫状，
具有3对胸足，
身体上长有刚毛

别名：不详 | 英文名：Marbled fritillary | 翅展：45~60mm

分布： 中国河北、河南、陕西、山西、宁夏、甘肃、黑龙江、吉林、辽宁、浙江、福建、云南、北京

白带鳌蛱蝶

赏蝶季节： 春、夏、秋季，尤其是
7~10月

赏蝶环境： 农田与果园中

　　雄性白带鳌蛱蝶会表现出极强的地
域行为，当入侵者出现，无论其是蝴蝶还
是别的昆虫，它都会驱赶对方，甚至以自
己的身体相撞。

形态 白带鳌蛱蝶的翅面为红褐色或黄褐
色，反面为棕褐色，雌蝶的前翅中部有一条白
色宽带，从前缘一直延伸到后缘，其外侧有一列白色斑点；后翅中域的前半部也
有一条白色宽带，但较前翅小一些，翅反面中部区域有许多细长黑线。雄蝶的前
翅外缘有一大片很宽的黑色带，中部有一条白色横带，较宽；后翅的亚外缘处有
一条黑带，由一个个黑色斑点依次排列组成，且由前缘向后缘逐渐变窄。反面前
翅的中部有3条短的黑线，后翅的颜色较正面浅一些，斑纹与正面相同。

习性 **飞行：** 速度极快，是飞行速度最快的蝴蝶之一。**宿主：** 有很多，如樟科的
樟、油樟、浙江樟等，芸香科的降真香和豆
科的海红豆、南洋楹等。**食物：** 成虫常于
林荫底下吸食腐果汁液和树液。**栖境：**
农田与果园中。**繁殖：** 卵生，一年可发
生2~3代，经历卵—幼虫—蛹—成虫四
个阶段。卵散产于宿主植物的老叶正
面，一般每片叶子上仅产1粒，初产
时为黄绿色，后来变
成红褐色，每只雌蝶
一生的产卵量为40粒左
右；幼虫分为5龄，以老熟幼虫在
叶片的正面越冬；蛹期10天左右。

雄蝶是著名的"情种"，
会长时间地守候，痴情地
等待雌蝶的出现

别名：不详 | 英文名：Tawny rajah | 翅展：80~100mm

分布： 东南亚、南亚和中国四川、云南、浙江、江西、湖南、福建、广东、海南、香港

女神珍蛱蝶

翅边长有白色的绒毛

赏蝶季节： *6~8月*

赏蝶环境： *森林中以及灌草丛中*

　　女神珍蛱蝶的翅面颜色鲜
艳，身形优美，在阳光下翩
翩起舞的姿态非常漂亮，故
以女神称之。

[形态] 女神珍蛱蝶的头、胸、
腹部呈黑褐色，上面长有褐色绒
毛，触角又细又长，为白色，呈棒状，顶端
为橘红色。前翅翅面为橘红色或橘黄色，翅脉为黑色，中室内有4条黑色斑纹，翅
面中部的各翅室内都有一条黑色斑纹，亚外缘处有2列黑色斑点，外侧为半月形，
互相连接，形成一条斑点链，内侧为圆形斑点，互相不连接；后翅翅面也为橘红
色或橘黄色，翅脉黑色，十分清晰，基
部有3条黑色斑纹，亚外缘处有2列黑色
斑点，外侧斑点为半月形，上面散布着
蓝色鳞片，内侧斑点形状为圆形，极清晰。

[习性] **飞行：** 速度较缓慢，姿态十分优美，喜欢
在阳光下飞行与活动。**宿主：** 幼虫常以堇菜科、忍冬
科等植物为宿主。**食物：** 成虫喜访花，食花粉、花蜜、
植物汁液等，喜欢在潮湿环境中吸收水分。**栖境：** 常
栖息在森林中及灌草丛中。**繁殖：** 卵生，经历
卵—幼虫—蛹—成虫四个阶段。雌蝶常将
卵散产于宿主植物的叶面上，卵形状
多种；幼虫分为5龄，形状为长筒
形，身体上长有刚毛，常以堇菜属
的植物，如香堇菜、三色堇等植物
为食，并且以幼虫越冬；蛹为悬蛹。

翅反面的颜色更加多样，
斑纹模糊，界限不明显

别名：豹纹织女蝶 | 英文名：Weaver's fritillary | 翅展：不详

◐ 分布：西班牙北部、意大利、希腊、波兰和英国等地区

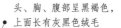

金堇蛱蝶

赏蝶季节： 4~7月，主要在6月中旬至7月中旬

赏蝶环境： 草地与灌木丛中

头、胸、腹部呈黑褐色，上面长有灰黑色绒毛

金堇蛱蝶的翅面斑纹层次感强烈，并且在阳光的照射下，翅面会发出金色的光芒，非常漂亮。

翅边长有白色的绒毛

形态 金堇蛱蝶是一种中型蝴蝶，前翅的翅面颜色多样，中室内的颜色为黄色，上面有2个橘黄色斑纹，斑纹外面有一圈黑褐色边框，中部和端部有3条褐色斑带，最外侧的一条为波浪状，都是从前缘一直延伸到后缘，这3条斑带将中部和端部的区域分成4个部分，从外到内依次为黄色、橘黄色、浅黄色、黄色；后翅为橘黄色，翅脉为黑色，中部有2条棕色斑带，斑带中间是黄色斑点，外缘处有一列白色半月形斑纹，周围是棕色外框，亚外缘处有一列小黑斑。

习性 **飞行：**姿态优美，速度缓慢。**宿主：**幼虫常以堇菜科、忍冬科、杨柳科、桑科及榆科等植物为宿主。**食物：**成虫喜访花，喜食花粉、花蜜、植物汁液等，喜欢在潮湿环境中吸水。**栖境：**草地与灌木丛中。**繁殖：**卵生，经历卵—幼虫—蛹—成虫四个阶段。雌蝶常将卵散产于宿主植物的叶面上，有时一个叶片上可达到350枚卵，卵初产时为浅黄色，后来逐渐变成黄色、深黄色，孵化前为暗灰色；幼虫分为5龄，常以洋地黄、天竺葵、接骨木、秦艽、缬草、金银花、蚊子草、绣线菊、绣球等植物为食物，以幼虫越冬；蛹为悬蛹。

别名：不详 | **英文名：**Marsh fritillary | **翅展：**40~50mm

分布：西爱尔兰以及蒙古的北部和南部等地区

绿带豹斑蛱蝶

赏蝶季节： 6~8月

赏蝶环境： 森林中以及灌草丛中

头、胸、腹部呈黑褐色，
上面长有褐色绒毛

绿带豹斑蛱蝶的翅面上有很多斑纹，如同豹
子身上的花纹一样，非常大气美丽。

形态 绿带豹斑蛱蝶的前翅翅面为棕褐
色，基部颜色较深，为黑褐色，约占前
翅翅面的二分之一，中室内有几个棕褐
色斑纹，翅边有一列黑褐色斑点，形成一条
斑点链；后翅的翅面颜色较前翅浅一些，为黄褐色，
基部为黑褐色，约占后翅翅面的二分之一，中部有一些斑点，分布杂乱，外缘处
有一条黑褐色细线纹。

习性 **飞行：** 姿态优美，速度缓慢。**宿主：** 幼虫常以堇菜科、忍冬科、杨柳科、桑
科以及榆科等植物为宿主。**食物：** 成虫喜访花，食花粉、花蜜、植物汁液等，常喜
欢在潮湿环境中吸水。**栖境：** 森林中以及灌草丛中。**繁殖：** 卵生，经历卵—幼虫—
蛹—成虫四个阶段。雌蝶常将卵散产于宿主植物的叶面
上，卵形状多样；幼虫分为5龄，常以堇菜属植物等为
食，以幼虫越冬；蛹为悬蛹。

触角又细又长，呈棒状，
顶端为黑色

别名：不详　| 英文名：Diana Fritillary　| 翅展：不详

分布：美国

台湾帅蛱蝶

赏蝶季节：全年大部分时间可见
赏蝶环境：山地、树丛、林缘

触角又细又长，呈棒状，顶端为褐色

台湾帅蛱蝶的翅面颜色非常鲜艳，在阳光照射下会发出亮黄色与亮黑色的光芒，十分漂亮。

形态 台湾帅蛱蝶是一种中型蝴蝶，其前翅的翅面为棕褐色，中部有7个大型的黄色斑点，形状各异、大小不一，亚外缘处有一列斑点，前面几个为白色，后面几个为黄色，端部还有2~3个黄色斑点，分布比较杂乱；后翅翅面大部分为黄色，脉纹为黑褐色，比较清晰，靠近腹部的翅边长有浅棕色绒毛，翅边与亚外缘处各有一条棕褐色斑带，臀角处的斑带内有几个白色斑点。

习性 **飞行**：姿态优美，速度缓慢。**宿主**：幼虫通常以堇菜科、忍冬科、杨柳科、桑科以及榆科等植物为宿主。**食物**：成虫喜访花，食花粉、花蜜、植物汁液等，喜欢在潮湿环境中吸水。**栖境**：森林、林地和林缘灌丛中。**繁殖**：卵生，经历卵—幼虫—蛹—成虫四个阶段。雌蝶常将卵散产于宿主植物的叶面上，卵形状多样；幼虫分为5龄，常以堇菜属植物等为食，以幼虫越冬；蛹为悬蛹。

翅反面的颜色较正面淡一些，脉纹为黑色，较粗，非常清晰，上面的斑纹颜色较浅，为浅黄色、黄白色、淡粉色等多种颜色，色彩斑斓

头、胸、腹部呈棕褐色

别名：西部臣蝶 | 英文名：Western courtier | 翅展：不详

● 分布：南非以及南亚地区，喜马拉雅山脉附近

灿福蛱蝶

翅面为橙黄色或灰黄色，
上面有黑色斑纹

赏蝶季节：7~8月

赏蝶环境：沙质或岩质的小山及河堤

灿福蛱蝶的身形优美，十分漂亮，深得人们的喜爱。在英国自1981年起受到法律的保护。

形态 灿福蛱蝶雄蝶前翅的翅脉为黑色，中部有4条弯曲条纹，每个翅室一个，中室前端也有4条斑纹，外缘区有一条黑色斑带，斑带中间为橙黄色斑纹形成的斑带，亚缘区有一列黑色圆形斑点，大小不一，排列不齐；后翅基部长有褐色绒毛，中室有2条黑色斑纹，蜿蜒曲折，外缘区有一条黑色斑带，斑带中间为橙黄色斑纹，亚外缘区有5个黑色圆形斑点，形状大小不一；雌蝶的翅面颜色较淡，前翅顶角处有银色斑点。

头、胸、腹部为橙黄色，
胸部长有褐色的绒毛

习性 **飞行**：速度缓慢，飞行能力强，长时间不停。**宿主**：通常为堇菜科植物。**食物**：喜访花，吸食花粉、花蜜、植物汁液等。**栖境**：比较干旱的环境中，如沙质或岩质小山及河堤等。**繁殖**：卵生，经历卵—幼虫—蛹—成虫四个阶段。雌蝶会在枯萎的欧洲蕨或石灰岩上产卵；幼虫分为5龄，常以堇菜科的香堇菜及三色堇等植物为食；蛹为悬蛹。

别名：灿豹蛱蝶、捷豹蛱蝶、紫罗兰螺钿蛱蝶 | 英文名：High brown fritillary | 翅展：65~70mm

分布：日本、朝鲜、中亚、西亚、西伯利亚和中国北方大部分地区

散纹盛蛱蝶　蛱蝶科，盛蛱蝶属　| 学名：*Symbrenthia liaea* Hewitson

散纹盛蛱蝶

赏蝶季节： 全年可见

赏蝶环境： 平地至2000m的山区

散纹盛蛱蝶停息在地面上或植物上时，翅面上的黄色斑块会呈三条线状，故又称为黄三线蛱蝶。

形态 散纹盛蛱蝶是一种小型蝶类，雄蝶的翅面颜色为橘黄色，而雌蝶的翅面颜色相对浅，为橙黄色，翅面上有许多褐色条纹和波浪状斑纹，构成复杂图样，有一条深褐色斑带从前翅外缘中央一直延伸到后翅内缘，后翅外缘有一个黑色指状突起，内有银蓝色光泽。翅背面的颜色为黑褐色，前、中、后各有一条横带，由橘色斑点连接而成，而雌蝶的横带颜色为橙黄色，前翅中室的横带并不连续，有断裂，但缝隙十分窄小，可忽略不计，近顶角处有一个细横纹，这个横纹的下方有一条较宽的横带，横带靠近外缘的地方有断裂；后翅的内侧与亚外缘处各有一条横带，这条横带由橘黄色的斑点组成，后翅的外缘呈波浪状，靠近中间的位置有一个指状的突起。

习性 **飞行**：喜欢在阳光充足的环境中活动，并且雄蝶具有领域行为。**宿主**：通常以荨麻科的青苎麻、水麻等植物为宿主。**食物**：成虫喜访花，尤其喜欢白色系的花，吸食树液和腐果汁液等，并喜欢在湿地吸水。**栖境**：平地至海拔2000m的山区。**繁殖**：卵生，一年可发生多代，经历卵—幼虫—蛹—成虫四个阶段。幼虫分为5龄，通常以多种荨麻科的植物，例如苎麻等为食。

成蝶好访白色系花，停息时，黄色斑块会呈三条线状，故又称黄三线蛱蝶

别名：黄三线蛱蝶、金带蝶 | 英文名：Common jester | 翅展：40~48mm

分布：印度北部、越南、菲律宾和中国西南、华南、东南等地

琉璃蛱蝶 | 蛱蝶科，琉璃蛱蝶属 | 学名：*Kaniska canace* L.

琉璃蛱蝶

赏蝶季节：*3~12月*

赏蝶环境：*林间和灌木丛中*

　　琉璃蛱蝶的翅面上有着深蓝黑色天鹅绒般的光泽，并且翅形与大多数蝴蝶不同，具有较高的观赏价值。

一条蓝紫色宽带从前端延伸到后端，在前翅端部分裂为两点，呈"Y"状

形态 琉璃蛱蝶是一种中型蛱蝶，头、胸、腹部为黑色，翅面呈黑色或深蓝黑色，亚顶端部有一个白色斑点，外横线至亚外缘间翅面的颜色较淡；后翅翅边有一个小突起，腹面斑纹排列杂乱，以黑褐色为主，中部有1个白色斑点。雌、雄蝶的色彩和斑纹大致类似，只不过雌蝶的蓝色宽带更宽一些，且圆滑，翅型比雄蝶大一些。

习性 **飞行**：较迅速，善于在林间和灌木丛中作快速飞行和突然降落，并且雄蝶十分具有领域性。**宿主**：幼虫常以拔葜科的拔葜和百合科的卷丹等为宿主。**食物**：成虫喜访花，吸食树液、腐败水果、动物粪便及花蜜等。**栖境**：除冬季外，成虫通常生活在低、中海拔的山区。

翅反面颜色灰暗，翅沿参差不齐：从前翅顶角至后翅臀角无处不是突起或交错的凹陷，不规则性达到夸张的程度

善于在林间和灌丛中做快速机动飞行和突然降落

繁殖：卵生，经历卵—幼虫—蛹—成虫四个阶段。卵为绿色或黄绿色，雌蝶将卵散产于宿主植物叶背上；幼虫5龄，取食拔葜科的各种植物；蛹为暗褐色或咖啡色的悬蛹，样子像垂挂卷曲的枯叶。

别名：不详 | **英文名**：Blue admiral | **翅展**：55~70mm

分布：日本、朝鲜、阿富汗、印度、缅甸、泰国、越南、马来西亚、印度尼西亚、菲律宾和中国大部分地区

青鼠蛱蝶

赏蝶季节： *6~8月*

赏蝶环境： *海拔700m以下的*
热带雨林中

青鼠蛱蝶的翅面颜色非常鲜艳，会折射出各种颜色的光芒；反面则像枯叶一般，是一种很好的保护态。

触角又细又长，呈棒状，顶端为褐色

形态 青鼠蛱蝶是一种小型蝴蝶，其前翅的翅面为棕褐色或深褐色，基部上有棕褐色鳞片，中部和端部的翅面长有深蓝色鳞片，从基部发出3条白色斑带，中部还有5~7个白色斑纹，大小各不相同，翅边有一条棕褐色斑带，上面点缀着几个小白点，翅边前端有一块突出部分；后翅基部与中部为亮蓝色，外缘处有一条棕褐色斑带，很宽，整个翅面上有5条浅蓝色横斑带，宽度大致相同，还有2~3个小白斑点缀其中，后翅翅边呈微波状，波谷处有浅黄色斑纹。前翅反面是黑褐色与浅灰色相间的斑纹，后翅反面类似于枯叶，可以很好地保护自己。

习性 **飞行：** 速度较缓慢，姿态优美，喜欢在阳光下翩翩起舞。**宿主：** 幼虫通常以堇菜科、忍冬科、杨柳科、桑科及榆科等植物为宿主。**食物：** 成虫通常以腐烂的水果和动物粪便为食。**栖境：** 海拔700m以下的热带雨林中。

繁殖： 卵生，经历卵—幼虫—蛹—成虫四个阶段。雌蝶常将卵散产于宿主植物的叶面上，卵形状多样；幼虫5龄，常以堇菜属植物等为食，以幼虫越冬；蛹为悬蛹。

别名：不详 | 英文名：Tropical blue wave | 翅展：34~36mm

雌红紫蛱蝶

赏蝶季节：*6~8月*

赏蝶环境：*低、中海拔的山区*

雌性雌红紫蛱蝶的外观与黑脉桦斑蝶十分相似，但本种翅脉的黑色线条极细，可以此将两者分开。

雌蝶前翅端有一大片黑褐色三角形，上面有4~5个白色斑点组成的斑带，端部还有一个模糊的白色斑点

形态 雌、雄两性雌红紫蛱蝶的外观差异很大。雄蝶的头、胸、腹部呈深蓝黑色，头部长有白色斑点，触角又细又长，呈棒状，顶端为深蓝黑色。前、后翅的翅面呈深蓝黑色，前翅中部有一个大型白色斑点，翅端还有1枚小一点的白色斑点后翅翅面中部有一个大型圆形白色斑点，两翅的翅边都呈微波状，波谷处有白色的斑纹。雌蝶的头、胸、腹部呈褐色，头部长有白色斑点，胸部和腹部长有白色绒毛，触角呈棒状；前翅翅面为橘黄色，翅脉为黑色；后翅翅面为橙黄色，较前翅颜色淡一些，翅脉黑色，外缘有一条黑色斑带。

习性 **飞行**：速度较缓慢，姿态优美，喜欢在阳光下飞行。**宿主**：幼虫常以堇菜科、忍冬科植物为宿主。**食物**：成虫喜访花。**栖境**：除冬季外，成虫通常生活在低、中海拔的山区。**繁殖**：卵生，经历卵—幼虫—蛹—成虫四个阶段。雌蝶常将卵散产于宿主植物的叶面上，卵绿色，上面有白色脊纹；幼虫5龄，圆筒形，黑色，有淡褐色小斑点，身体上长有刚毛；蛹为淡褐色，没有金属光泽，蛹为悬蛹。

雄蝶翅的反面为褐色，前、后翅的中部各有1个大型的白色斑点

别名：不详 | 英文名：Danaid eggfly | 翅展：55~75mm

分布：非洲、亚洲和澳大利亚等地区

大紫蛺蝶

赏蝶季节：春、夏季，5~7月

赏蝶环境：1000~1500m的山区

大紫蛺蝶原本数量就不多，随着生态环境的破坏，数量更为稀少，已被列入台湾《野生动物保育法》濒临绝种的保育类昆虫。因该蝶色彩美丽，深得人们的喜爱，在日本被选为国蝶。

成虫寿命2~3个月

形态 大紫蛺蝶是一种大型蝴蝶，翅面呈紫黑色，且有深蓝色的金属光泽，上面散布着白色的斑点，前翅大致呈三角形，稍微横长；后翅呈卵圆形，外观接近于三角形，翅边呈轻微的锯齿状。雄蝶的前、后翅面为灰黑色，翅基部约占整个翅面二分之一的区域为蓝紫色，并带有金属光泽，在阳光的照射下有强烈的紫色虹彩，前、后翅各翅室都有1~3个白色的斑纹，前翅的中部有一条从基部发

飞行快速，天敌捕捉不易，但常常忘我地吸食树干流出的汁液，忽略了周遭危险

出的细长的白色斑点，翅边有一列白色斑点，后翅的臀角处有一个小型的橙色斑纹。翅反面大部分为淡绿色，前翅的深褐色区域有白色的斑点。雌蝶的翅面斑纹与雄蝶大致类似，只不过雌蝶的体形较大，翅形较为宽圆，且翅表没有深蓝色的金属光泽。

习性 **飞行：**速度较快，因此极难捕捉。**宿主：**榆科的朴树。**食物：**成虫喜好吸食树汁及发酵水果或于地面吸水。**栖境：**海拔1000~1500m的山区。**繁殖：**卵生，一年发生一代，经历卵—幼虫—蛹—成虫四个阶段。卵为淡绿色，底部稍微扁平，圆球形，表面有明显的纵脊，卵期5~6天；幼虫以榆科的朴树为食，冬季以幼虫越冬；蛹期20~30天。

别名：不详 | **英文名：**Great purple emperor | **翅展：**85~110mm

分布：朝鲜、韩国、日本和中国陕西、河南、湖北、浙江、台湾等地区

PART 7
218~223页

绢蝶

阿波罗绢蝶

赏蝶季节：夏末初秋，8月

赏蝶环境：高山地区，雪线附近

阿波罗绢蝶在我国仅分布于新疆，数量十分稀少，被列入国家二级重点保护野生动物。它们大多生活于高山地带，有很强的耐寒力，缓缓飞行的姿态就好像在悠然地赏雪。

头、胸、腹部为白色，上面长有黑灰色绒毛

形态 阿波罗绢蝶的翅面为白色或淡黄白色，半透明。前翅的中室中部和端部有黑色斑点，中室外有2枚黑斑，外缘部分为黑褐色，亚外缘区有一条不规则的黑褐色斑带，后缘中部还有1枚黑色斑点；后翅基部和内缘基半部颜色较深，为黑色，前缘及翅中部各有1枚红色斑点，周围是一圈黑色外框，有时中间有白心，臀角处及内侧有2枚红色斑点或1红1黑2个斑点，周围是一圈黑色外框，亚外缘处有一条黑带，断裂为6个黑色的斑点。

习性 **飞行：**速度较缓慢，有时贴地飞行，较易捕捉。**宿主：**幼虫常以景天属植物为宿主。**食物：**成虫喜访花，吸食花蜜。**栖境：**海拔750~2000m的高山地区，耐寒性强，常生活在雪线上下。**繁殖：**卵生，一年仅可发生一代，经历卵—幼虫—蛹—成虫四个阶段。卵扁平，灰白色，以卵越冬；幼虫5龄，以景天科植物及紫堇、延胡索等为食；蛹暗褐色并带光泽。

翅反面与正面的斑纹大致相似，但基部有4个镶黑边的红色斑点，2枚臀斑也为镶黑边的红色斑点

别名：不详 | 英文名：Mountain Apollo | 翅展：50~90mm

▶ **分布：**欧洲、西亚、中亚，中国仅分布于新疆

冰清绢蝶

赏蝶季节： 盛夏，6~7月
赏蝶环境： 低海拔山区，1000~1500m

2000年国家林业局发布实施《国家保护的有益的或者有重要经济、科学研究价值的陆生野生动物名录》，冰清绢蝶就被列入其中。

形态 冰清绢蝶的头、胸、腹部为黑灰色，头部长有褐黄色绒毛，颈部有1圈黄色毛丛，胸、腹部长有黑灰色长绒毛，触角顶端呈棒状。

前翅翅面为白色，半透明，如绢般丝滑，翅脉为灰黑褐色，十分清晰，外缘处有一条灰色横带，中室端和中室内各有一个黑褐色斑纹；后翅基部为黑色，翅面为乳白色，翅面黑色，更加清晰，后缘处也有一条黑色横带，上面有黄色长毛。

习性 **飞行：** 较缓慢，大多在低海拔地区飞行。**宿主：** 通常为紫堇、马兜铃、延胡索、小药八旦子、全叶延胡索等植物。**食物：** 成虫喜访花，吸食花蜜等。**栖境：** 低海拔地区，如海拔1000~1500m的山区。**繁殖：** 卵生，一年仅发生一代，经历卵—幼虫—蛹—成虫四个阶段。卵扁球形，雌蝶将卵产在其他植物或地上枯叶、枯枝、枯草上，以卵越冬，卵次年2月孵化；幼虫5龄，食宿主植物的叶与花；卵期约280天，幼虫期约50天，蛹期约12天，成虫期约30天。

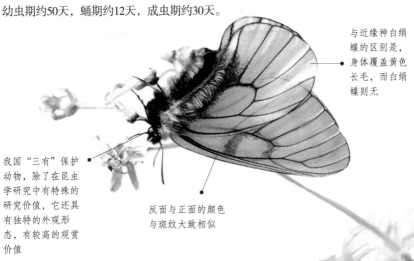

与近缘种白绢蝶的区别是，身体覆盖黄色长毛，而白绢蝶则无

我国"三有"保护动物，除了在昆虫学研究中有特殊的研究价值，它还具有独特的外观形态，有较高的观赏价值

反面与正面的颜色与斑纹大致相似

别名： 黄毛白绢蝶、白绢蝶 | **英文名：** Glacial Apollo | **翅展：** 60~75mm

分布： 日本 朝鲜 韩国和中国黑龙江 吉林 辽宁 山西 陕西 甘肃 山东 浙江 安徽 四川

小红珠绢蝶

赏蝶季节：夏季，7~8月
赏蝶环境：海拔较高的山地草原

　　小红珠绢蝶的翅面素雅恬淡，在绢蝶中红斑最多也最漂亮。

形态 小红珠绢蝶的头、胸、腹部为黑灰色，上面长有黑灰色长绒毛，触角顶端呈棒状。前翅翅面为白色微带一点黑色，中室内有2个纯黑色斑点，前缘有2个红色斑点，其外围有一圈黑色边框，近后缘中部也有1个红色带黑框的斑点，外缘有一条黑色斑带，由窄的白色斑点将其间断，亚外缘的斑带呈黑灰色深齿状；后翅基部一直到臀角为黑灰色斑纹，中部有2个红色带黑框大斑点，红斑中镶白斑或白点，并有1或2个红色臀斑。

翅的反面除基部有4枚红色带黑框的斑点外，其他均与正面相同

习性 **飞行**：速度较缓慢，姿态十分优美。**宿主**：景天科和罂粟科植物。**食物**：成虫喜访花，吸食花蜜等。**栖境**：海拔2000m的草原地带。**繁殖**：卵生，一年仅可发生一代，经历卵—幼虫—蛹—成虫四个阶段。卵灰白色，雌蝶将卵产在河滩或山体阳面背风处的红景天属和罂粟科植物上，散产，每只雌蝶产卵约120粒，翌年5月上旬幼虫孵化；幼虫5龄，老龄幼虫的身体呈暗黑褐色；蛹为暗褐色，带光泽，头部为圆形，体长约21 mm。

别名：红珠绢蝶、草地绢蝶　英文名：Nomion Apollo　翅展：53~62mm

觅梦绢蝶

头、胸、腹部为灰色或灰白色，长有黑灰色或灰白色长绒毛

赏蝶季节：夏季，6~7月
赏蝶环境：海拔1500~2900m山区

觅梦绢蝶的翅面颜色素雅，给人一种恬淡的感觉，使人心情舒畅，用觅梦来形容十分贴切。

形态 觅梦绢蝶的前翅翅面为白色或淡黄白色，密布着白色鳞片，半透明，端部有一块透明区域，很薄，通透，在阳光照射下闪闪发光，发出各种颜色的光芒，翅脉呈淡黑色，前翅中室内和中室端部各有1个大黑斑点；后翅翅面为白色或淡黄白色，基部到臀角处密布着黑灰色鳞片，翅脉为黑色，前缘中部与中室外部各有1个大黑斑点，臀角处有1块横形的长黑色斑点。

触角又细又长，呈棒状，顶端为黑色

习性 **飞行**：速度较缓慢，有时会紧贴地面飞行，因而较易捕捉。**宿主**：幼虫常以紫堇属植物为宿主。**食物**：成虫喜访花，吸食花粉、花蜜、植物汁液等。**栖境**：通常生活在海拔1500~2900m的山区，包括草地与林缘空地以及拥有很多开花植物的地方。**繁殖**：卵生，一年仅可发生一个世代，经历卵—幼虫—蛹—成虫四个阶段。雌蝶通常将卵散产于宿主植物的叶面上，卵为白色，以卵越冬；幼虫分为5龄，其通常只以延胡索植物为食物；2月中旬开始孵化，4月为幼虫取食的盛期，6、7月份的时候，蛹羽化成蝶，出现成虫。

别名：不详 | 英文名：Clouded Apollo | 翅展：70~80 mm

分布：欧洲、中亚和中国新疆

福布绢蝶　　　▶　　绢蝶科，绢蝶属　| 学名：*Parnassius phoebus* Bang-Haas

福布绢蝶

赏蝶季节：夏季，6月底至8月
赏蝶环境：高山草地和山地草原

　　福布绢蝶的翅面颜色与翅形都十分漂亮，飞行姿态也非常优美，深得人们的喜爱。

形态 福布绢蝶的头、胸、腹部为黑褐色，长有黑褐色长绒毛，触角上有黑白相间的斑马纹，顶端棒状，呈黑色。前翅翅面呈白色，翅脉为棕黄色，外缘呈半透明，亚外缘处有1条锯齿状的暗灰色斑带，中室的中部以及端部各有1个黑色的斑点，十分清楚，中室外有2个黑色的斑点，这两个黑色斑点的中间带有红点，后缘的中部也有1个黑色的斑点；后翅的基部和内缘的基半部颜色较深，呈黑色，前缘及翅的中部有2个大的红色斑点，周围镶有一圈黑色的边框，亚外缘有1条锯齿状的暗色斑带。雄蝶与雌蝶的翅面斑纹稍微有一点差异，雄性福布绢蝶后缘中部的黑色斑点并不太清楚，而雌性福布绢蝶的臀角处有2个带有红心的黑色斑点。

翅的反面除基部有4枚红色带有黑色边框的斑点外，其他均与正面相同

习性 **飞行**：速度较缓慢，时常贴近地面飞行。**宿主**：景天科以及紫堇属等植物。**食物**：成虫喜访花，吸食花蜜等。**栖境**：通常生活在海拔2000~3000m的高山草地和山地草原上。**繁殖**：卵生，一年仅可发生一代，经历卵—幼虫—蛹—成虫四个阶段。雌蝶通常将卵散产于宿主植物的叶面上，卵为白色；幼虫分为5龄，通常以虎耳草属植物以及景天科等植物为食，以幼虫越冬；翌春化蛹。

别名：不详 | 英文名：Small Apollo | 翅展：65~75mm

分布：中欧、南欧、东欧、北美和蒙古以及中国新疆

艾雯绢蝶

种群数量较少的珍惜绢蝶

赏蝶季节：成虫6~7月较多见

赏蝶环境：海拔2000m左右高山苔原带

艾雯绢蝶是数量较少的绢蝶种类，也是我国绢蝶中最鲜为人知的一种，它有着鲜黄的体色，非常特别且容易辨识。在北半球北部可见，包括东亚和北美的阿拉斯加、加拿大的育空地区，在我国分布的地域则非常狭窄，仅见于大小兴安岭地区，据说它曾出没于长白山区。

形态 艾雯绢蝶雌、雄异色，头、胸部密被绒毛。翅膀呈半透明状，雄蝶翅面为黄色，雌蝶翅面为黄白色；触角黑色，使之区别于福布绢蝶。两扇后翅中部各有3个红色斑点，其外围是一圈黑色。

习性 **飞行**：速度快，喜访低矮的小花，有时候地飞过草地和苔原。**宿主**：幼虫以紫堇属植物为宿主。**食物**：成虫喜访花，吸食花蜜等。**栖境**：自然保护区的开阔草地和山间的岩石坡地，或者山谷溪流附近，喜欢在灌木柳间活动。**繁殖**：卵生，经历卵—幼虫—蛹—成虫四个阶段；幼虫黑色，身上有短毛和黄白色的斑点。从卵到成虫通常需要2年的时间，长时间的孕育期要求卵必须能度过漫长的冬天，能抵抗零下50℃的严寒。

翅膀近边缘处有着半透明的质感，薄如绢翼

别名：不详 | **英文名**：Eversmann's parnassian | **翅展**：46~54mm

分布：俄罗斯、蒙古、日本、加拿大、美国阿拉斯加等地，中国见于大小兴安岭地区

PART 8
226~235页

闪蝶

光明女神闪蝶

赏蝶季节： 全年大部分时间可见
赏蝶环境： 海平面至海拔1400m的热带雨林中或溪流附近

光明女神闪蝶是一种梦幻般的蝴蝶，整个翅面就像蔚蓝的大海上涌起朵朵白色的浪花，被誉为世界上最美丽的蝴蝶，该蝶也是秘鲁的国蝶。

全身呈紫蓝色，其前翅两端的蓝色由深蓝、湛蓝、浅蓝不断地变化，颜色美丽，体态婀娜

[形态] 光明女神闪蝶的翅面为半透明的宝石蓝色，并带有强烈的金属光芒，在阳光下从不同角度看，翅面颜色可以从紫蓝向天蓝、深蓝、亮蓝逐渐过渡，既像蔚蓝的大海，又像辽阔的天空，前、后翅的中部有一条洁白色的斑带，从前缘一直延伸到后翅的臀角，前翅的亚外缘处也有几个白色的斑点，整个翅面就像蓝色的天空中镶嵌着一串亮丽的光环，故此蝶又被称为"女神"。

刚羽化的闪蝶翅膀皱褶和腹部膨胀，无法躲避天敌，当翅膀展开后，闪蝶就可以飞翔了，但前后翅不同步扇动

[习性] **飞行：** 速度较快，飞翔敏捷，喜欢白天飞行与活动，且雄蝶表现出领域性。**宿主：** 多为堇菜科、忍冬科、杨柳科、桑科、榆科、麻类、大戟科、茜草科等植物。**食物：** 成虫不喜访花，常以吸食坠落的腐果、粪便等汁液为食。**栖境：** 通常生活在南美洲北部的热带雨林，如亚马孙原始森林，也会栖息在南美干燥的落叶林和次生林林地。**繁殖：** 卵生，经历卵—幼虫—蛹—成虫四个阶段。卵呈半圆球形；幼虫分为5龄，头上有突起，体节上有枝刺，身上有明显的彩色"毛丛"，且通常有一个尾叉，它们一般群集生活，以各种攀缘植物，特别是豆科植物为食，一般幼虫以双子叶植物的叶子为食，如果遇到危险，它们会从体内的腺体中发出刺激性气味，以驱赶捕食者；蛹为垂蛹，其头部和翅上有各种突起。此蝶的繁殖能力弱，因此十分珍贵。

别名： 海伦娜闪蝶、蓝色多瑙河蝶、赫莲娜闪蝶 | **英文名：** Helena morpho | **翅展：** 75~100mm

● **分布：** 南美的亚马孙河流域

欢乐女神闪蝶

赏蝶季节：全年大部分时间可见

赏蝶环境：热带雨林

　　欢乐女神闪蝶翅上的复杂结构在光学作用下会产生彩虹般的绚丽色彩，当一群欢乐女神闪蝶在雨林中飞舞时，便闪耀出蓝色、绿色、紫色的金属光泽。

前翅亚外缘处有几个眼状斑点，这些眼状斑点由2条细线组成，十分不清晰，只有在阳光下才能看到

`形态` 欢乐女神闪蝶的头、胸、腹部为黑色或深蓝色，上面长有黑色绒毛，腹部很短，触角细长。翅面颜色为蓝色或宝蓝色，端部有一小片黑色区域，前翅翅脉为黑色，极细；后翅靠近腹部的翅边有一条黑色斑带，亚外缘处也有几个眼状斑点，较前翅的清晰一些，这些眼状斑点为双框，中间有一个瞳点，后翅翅边呈波浪状。

`习性` **飞行**：速度较缓慢，但飞行能力很强，可以长时间不休息。**宿主**：多为堇菜科、忍冬科、杨柳科、桑科、榆科、麻类、大戟科、茜草科等植物。**食物**：成虫不喜访花。**栖境**：热带雨林。**繁殖**：卵生，经历卵—幼虫—蛹—成虫四个阶段。卵呈半球形；幼虫分为5龄，头上有突起，体节上有枝刺，身上有明显的彩色"毛丛"，且通常有一个尾叉，它们一般群集生活，以棕榈科植物为食，如果遇到危险，它们会从体内的腺体中发出刺激性气味，以驱赶捕食者；蛹为垂蛹，其头部和翅上有各种突起。

翅的反面为棕色，翅面上的眼状斑纹非常清晰，前翅有3个，后翅有4个，前、后翅的外缘处有2条棕色斑带，翅面上还散布着白色鳞片

别名：不详　｜　英文名：Giant blue morpho　｜　翅展：150mm

分布：秘鲁

歌神闪蝶

赏蝶季节： 春、秋季，3月较常见

赏蝶环境： 热带雨林中

眼状斑纹可以由正面透出来，翅面上还有许多黑色斑纹

歌神闪蝶翅上的复杂结构在光学的作用下也会产生彩虹般的绚丽色彩，当一群歌神闪蝶在雨林中飞舞时，便闪耀出蓝色、绿色、紫色的金属光泽。

形态 歌神闪蝶的头、胸部为棕色或深棕色，上面长有棕色的绒毛，腹部为白色或乳白色，腹部很短，触角细长，为黄褐色。前、后翅的翅面大部分区域为透明的，在光学的作用下会产生彩虹般的绚丽色彩。前、后翅的翅边各有一条棕色的斑带，或粗或窄，宽窄不一，后翅的翅边呈波浪状。

习性 **飞行：** 速度较快，飞翔敏捷，喜欢在阳光下飞行与活动。**宿主：** 豆科植物。**食物：** 不详。**栖境：** 通常生活在热带雨林中。**繁殖：** 卵生，一年可发生2个世代，经历卵—幼虫—蛹—成虫四个阶段。卵有多种形状，如半圆球形、馒头形、香瓜形或钵形；幼虫分为5龄，头上有突起，体节上有枝刺，身上有明显的彩色"毛丛"，且通常有一个尾叉，它们一般群集生活，以各种攀缘植物，特别是豆科植物为食；蛹为垂蛹。

双框，外框为棕色，内框为黑色，中间还有一个白色瞳点

翅的反面为褐色，翅面上有几个眼状斑纹，非常清晰

别名：不详 | 英文名：Song of morpho | 翅展：150mm

分布：巴拉圭和巴西等地区

月神闪蝶

赏蝶季节：全年大部分时间可见

赏蝶环境：热带雨林中

月神闪蝶的翅面上有绚丽的金属般的光泽，这与其翅膀上的鳞片有关，闪蝶的鳞片结构复杂，当光线照射到翅膀上时，会产生折射、反射和绕射等多种物理现象。

前足相当退化，短小无爪

形态 雄性月神闪蝶的前翅翅面上大部分为宝蓝色，且带有明亮的蓝色金属光泽，翅边有一条黑色的斑带，较宽，基部前端有一片深褐色的区域，一直延伸到中部；后翅的基部是一块蓝色的区域，颜色较浅，外半部为黑色，亚外缘处有一条蓝色的斑点链，由5个蓝色的斑点组成，尾突的部位略有一点突出。反面前翅的翅面为棕色，并带有大理石花纹，还有4个非常大的链状眼纹；后翅的翅面为棕色，并带有大理石花纹，还有4个大的齿状眼纹。雌性月神闪蝶与雄蝶的差异较大，雌蝶的翅面为浅棕色，上面有辉煌的青鳞光泽，前后翅都分布有几个眼斑，这些眼斑为双框，外框为棕色，内框为黑色，中间有白色瞳点，后翅的亚外缘处有黄色的斑点链。

习性 **飞行：**速度较快，飞翔敏捷，喜欢白天飞行与活动。**宿主：**多为堇菜科、忍冬科、杨柳科、桑科、榆科、麻类、大戟科、茜草科等植物。**食物：**成虫不喜访花，常以吸食坠落的腐果、粪便等汁液为食。**栖境：**热带雨林。**繁殖：**卵生，经历卵—幼虫—蛹—成虫四个阶段。卵有多种形状，如半圆球形、馒头形、香瓜形或钵形；幼虫分为5龄，头上有突起，体节上有枝刺，身上有明显的彩色"毛丛"，且通常有一个尾叉，它们一般群集生活，以各种攀缘植物，特别是豆科植物为食；蛹为垂蛹。

别名：不详　｜　**英文名：**Cisseis morpho　｜　**翅展：**160~180mm

分布：玻利维亚、哥伦比亚、秘鲁、厄瓜多尔、巴西南部等地区

太阳闪蝶　　　闪蝶科，闪蝶属　|　学名：*Morpho hecuba* L.

太阳闪蝶

赏蝶季节：全年大部分时间可见
赏蝶环境：巴西亚马孙河流域

　　太阳闪蝶为巴西国蝶，是一种热带蝴蝶，只生活在亚马孙河流域及其北部的圭亚那。

形态　太阳闪蝶的翅面颜色较为多样，前翅的基部为白色，从基部到端部颜色逐渐变深，为浅黄色、橘红色、橙红色、暗红色，翅边为黑色，且翅边有2条红色的斑点链，基部前端有一片深褐色的区域，一直延伸到中部；后翅的基部也为白色，中部与端部的大片区域为黑色，翅边有5个红色的斑点，排列整齐，形状很小，臀角处的颜色很浅或几乎消失不见，尾突的部位略有一点突出。

在朝霞的照射下乍一看，蝴蝶的上半身是透明的，色彩鲜艳，花纹相当复杂

前足相当退化，短小无爪

又名"太阳初升蝶"，是仅存在于亚马孙河流域及其北部圭亚那的热带蝴蝶。整个翅面的色彩和花纹犹似东方日出，朝霞满天，太阳的光辉驱走了沉重的夜色，给人以光明与希望

习性　**飞行：**速度较缓慢，但飞行能力很强，能独自连续飞行一天。**宿主：**多为堇菜科、忍冬科、杨柳科、桑科、榆科、麻类、大戟科、茜草科等植物。**食物：**成虫不喜访花。**栖境：**通常在亚马孙河流域栖息，也会生活在其北部的圭亚那。**繁殖：**卵生，经历卵—幼虫—蛹—成虫四个阶段。卵有多种形状，如半圆球形、馒头形、香瓜形或钵形；幼虫分为5龄，头上有突起，体节上有枝刺，身上有明显的彩色"毛丛"，且通常有一个尾叉，它们一般群集生活，以各种攀缘植物，特别是豆科植物为食，一般幼虫以双子叶植物的叶子为食，如果遇到危险，它们会从体内的腺体中发出刺激性气味，以驱赶捕食者；蛹为垂蛹。

别名：太阳初升蝶　|　英文名：Sunset morpho　|　翅展：130~200mm

分布：亚马孙河流域及其北部的圭亚那

黑框蓝闪蝶

赏蝶季节： 全年大部分时间可见
赏蝶环境： 南美洲的热带雨林

黑框蓝闪蝶翅上的复杂结构在光学作用下产生了彩虹般的绚丽色彩，当一群黑框蓝闪蝶在雨林中飞舞时，便闪耀出蓝色、绿色、紫色的金属光泽。

形态 黑框蓝闪蝶是一种中大型蝴蝶，前翅基部与中部的大片区域为宝石蓝色，前面翅边有一条很窄的黑色斑纹，外缘处有一条黑色斑带，较宽，上面有2列白色斑纹，内侧的斑列较为模糊，前缘的斑纹端部也散布着几个白色的斑点，翅脉为黑色，较细但很清楚，后翅的基部与中部的大片区域也为宝石蓝色，外缘处有一条黑色的斑带，较宽，上面有一条红色的斑点链，翅边呈波浪状，波谷处有浅黄色的斑纹，无尾突。

触角较长，头、胸、腹部为黑色，胸部长有黑色短绒毛，腹部很短

习性 **飞行：** 速度较缓慢，但飞行能力很强，可以长时间不休息。**宿主：** 豆科植物。**食物：** 成虫通常以发霉果实的汁液为食物，特别喜欢芒果、奇异果及荔枝等。**栖境：** 南美洲的热带雨林内。**繁殖：** 卵生，经历卵—幼虫—蛹—成虫四个阶段。卵有多种形状，如半圆球形、馒头形、香瓜形或钵形；幼虫分为5龄，以双子叶植物的叶子为食；蛹为垂蛹。

当阳光照射到其翅面上时，会产生彩虹般的绚丽色彩，并闪耀出蓝色、绿色、紫色的金属光泽，十分美丽

别名： 黑框蓝摩尔福蝶、蓓蕾闪蝶 | **英文名：** Peleides blue morpho | **翅展：** 75~200mm

▶ **分布：** 墨西哥、中美洲、南美洲北部等地

海伦闪蝶

赏蝶季节：全年大部分时间可见
赏蝶环境：热带雨林中

　　海伦闪蝶的翅面上有绚丽的金属般光泽，这与其翅膀上鳞片的复杂结构有关，当光线照射时，会产生折射、反射和绕射等多种物理现象。

形态 海伦闪蝶是一种中大型蝴蝶，前翅基部为黑色，中部大片区域为宝石蓝色，前面翅边有一条很窄的黑色斑纹，外缘处有一条黑色斑带，很宽，且前宽后窄，上面有一列白色斑点，前端斑点较大且十分明显，后面的斑点很小以至于消失不见；翅脉为黑色，较细但很清楚；后翅基部与中部的大片区域也为宝石蓝色，外缘处有一条黑色斑带，较宽，翅边呈波浪状，波谷处有白色斑纹。

当阳光照射到其翅面上时，会产生彩虹般的绚丽色彩，并闪耀出蓝色、绿色、紫色的金属光泽

习性 **飞行**：速度较缓慢，但飞行能力很强，可以长时间飞行而不休息。**宿主**：多为堇菜科、忍冬科、杨柳科、桑科、榆科、麻类、大戟科、茜草科等植物。**食物**：成虫不喜访花，常以发霉果实的汁液为食物。

栖境：南美洲的热带雨林中。**繁殖**：卵生，经历卵—幼虫—蛹—成虫四个阶段。卵有半圆球形、馒头形、香瓜形或钵形；幼虫分为5龄，头上有突起，体节上有枝刺，身上有明显的彩色"毛丛"；蛹为垂蛹。

触角较细长，头、胸、腹部为黑色，胸部长有黑色的短绒毛，腹部很短

別名：不详 | 英文名：Common blue morpho | 翅展：100~150mm

分布：中南美洲

双列闪蝶　　　闪蝶科，闪蝶属 | 学名：*Morpho achilles* L.

双列闪蝶

赏蝶季节：全年大部分时间
赏蝶环境：热带雨林中

双列闪蝶与海伦闪蝶颇相似，翅膀在阳光下熠熠闪光的原理也类似。

前翅浅蓝色斑带的前缘还有一个白色的斑纹，面积较大

形态 双列闪蝶是一种中大型蝴蝶，前翅基部为黑色或棕褐色，中部有一片浅蓝色区域，外部也为黑色，外缘呈微波状，波谷处有白色的斑纹；后翅的基部也为黑色或棕褐色，中部有一条浅蓝色的斑带，与前翅的斑带相连，从前翅的前缘一直延伸到后翅的臀角处，外部为黑色，外缘处有一列白色的斑点，每个翅室有2个，亚外缘处有一列红色的斑点，每个翅室有1个。当阳光照射到其翅面上时，会产生彩虹般的绚丽色彩，并闪耀出蓝色、绿色、紫色的金属光泽，十分美丽。

触角较长，头、胸、腹部为黑色，胸部长有黑色的短绒毛，腹部很短

习性 **飞行：**速度较缓慢，但飞行能力很强，可以长时间飞行而不休息。**宿主：**通常为堇菜科、忍冬科、杨柳科、桑科、榆科、大戟科、茜草科等植物。**食物：**成虫不喜访花，常食发霉果实的汁液和腐烂水果。**栖境：**南美洲的热带雨林之内。**繁殖：**卵生，经历卵—幼虫—蛹—成虫四个阶段。卵为半圆球形；幼虫分为5龄，身体为赤褐色，上面有绿色的斑纹，头上有突起，体节上有枝刺，身上有明显的彩色"毛丛"，且通常有一个尾叉，它们一般群集生活；蛹为垂蛹。

别名：不详 | 英文名：Blue-banded morpho | 翅展：100~150mm

分布：阿根廷、哥伦比亚、秘鲁和巴西等地

晶闪蝶

赏蝶季节：全年大部分时间可见
赏蝶环境：热带雨林中

当一群晶闪蝶在雨林中飞舞时，便闪耀出蓝色、绿色、紫色的金属光泽，十分漂亮。

触角较长，头、胸、腹部为黑色，胸部长有棕褐色的短绒毛，腹部很短

形态 晶闪蝶是一种中大型蝴蝶，前后翅的翅面为深棕色或黑色，中部有一条宝蓝色斑带，较宽，从前翅前缘一直延伸到后翅后缘，前翅亚外缘处有2列白色斑点，前、后翅翅边呈波浪状，波谷处有白色或浅黄色斑纹。

习性 **飞行**：速度较缓慢，但可以长时间飞行而不休息。**宿主**：通常为堇菜科、忍冬科、杨柳科、桑科、榆科、大戟科、茜草科等植物。**食物**：成虫不喜访花，常食发霉果实的汁液和腐烂水果。**栖境**：南美洲的热带雨林内。**繁殖**：卵生，经历卵—幼虫—蛹—成虫四个阶段。卵有多种形状；蛹为垂蛹。

这类大型闪蝶同种间的个体差异较大，变异型广泛存在

别名：晶白闪蝶 | 英文名：Achilles morpho | 翅展：120~200mm

分布：阿根廷、哥伦比亚、秘鲁和巴西等

234

多音白闪蝶

触角细长，约是前翅长度的三分之一

赏蝶季节：全年大部分时间可见

赏蝶环境：热带雨林中

多音白闪蝶在阳光下会产生耀眼的绚丽色彩，原因是翅膀上密布着含有多种色素颗粒的鳞片，而鳞片上微细的色彩脊纹越密，产生的闪光也越强。

形态 多音白闪蝶是一种中大型蝴蝶，翅面为白色，基部颜色较深，有浅棕色条纹，前翅中部前端有一条黑色曲形斑纹，翅边有2列浅棕色斑纹，边缘处翅脉颜色也较深，顶端处斑纹颜色最深，中部有2个眼状斑纹；后翅亚外缘处有一条黑色斑点链，在臀角处连成斑纹，中部有一列眼状斑纹，大小、形状不一，较前翅的大。

习性 **飞行：**速度较缓慢，但可以长时间飞行而不休息。**宿主：**通常为堇菜科、忍冬科、杨柳科、桑科、榆科、大戟科、茜草科植物。**食物：**成虫不喜访花，通常以发霉果实的汁液和腐烂的水果为食物。**栖境：**通常栖息在南美洲的热带雨林之内。**繁殖：**卵生，经历卵—幼虫—蛹—成虫四个阶段。卵为半圆球形；幼虫分为5龄，身体为赤褐色，上面有绿色斑纹，头上有突起，体节上有枝刺，通常有一个尾叉，它们一般群集生活；蛹为垂蛹。

多音白闪蝶为雌、雄异形，雄蝶具有闪亮的金属般的绿白色光泽，在阳光的照射下产生耀眼的绚丽色彩

后翅翅边呈波浪状

眼状斑纹分布在2个翅室内，双框，外框为白色，内框为浅蓝色，中间有白色的瞳点

别名：不详 | **英文名：**White morpho | **翅展：**130~160mm

● **分布：**墨西哥和中美洲的部分地区

灰蝶

宽白带琉璃小灰蝶 ● | 灰蝶科，琉璃灰蝶属 | 学名：*Lysandra bellargus* Rottemburg

宽白带琉璃小灰蝶

赏蝶季节：*5~9月*

赏蝶环境：*灌草丛中*

宽白带琉璃小灰蝶的翅面颜色十分漂亮，而翅反面的斑点很多，两面的差异较大，具有很高的观赏价值。

形态 雌性宽白带琉璃小灰蝶和雄蝶的翅面颜色差异较大，雌蝶的头、胸、腹部为暗褐色，胸部有蓝色鳞粉，腹部长有暗褐色绒毛，触角细长，上面有黑白相间的斑马纹，呈棒状，顶端为黑色；翅膀颜色呈现暗褐色，上面有蓝色鳞粉，后翅边缘散布着蓝黑色和橙色斑点。雄蝶的头、胸、腹部为蓝色，上面长有蓝色长绒毛，触角细长，上有黑白相间的斑马纹，呈棒状，顶端为黑蓝色。翅膀是明亮的纯蓝色，基部颜色较深，为宝蓝色。

习性 **飞行**：速度较快，喜欢在阳光下欢快地起舞。**宿主**：幼虫通常以大巢菜等植物为宿主。**食物**：成虫喜访花，食花粉、花蜜、植物汁液等。**栖境**：灌草丛中以及山坡的石灰石中。**繁殖**：卵生，一年可发生2个世代，经历卵—幼虫—蛹—成虫四个阶段。雌蝶常将卵产在宿主植物的叶片上；幼虫分为5龄，常以大巢菜等植物为食。

雄蝶翅的反面与雌蝶的反面大致相同，呈浅褐色，前、后翅的中部有很多带有白色边框的黑色斑点

前、后翅的翅边长有白色的绒毛

别名：不详 | 英文名：Adonis blue | 翅展：30~40mm

● 分布：欧洲及伊朗等地

尖翅灰蝶

赏蝶季节：全年都可观赏到，但春季最佳
赏蝶环境：低山和平地的溪流旁，林缘的开阔地带

在秋冬季节，尖翅灰蝶的翅形比较尖，翅表面的斑纹大而且很明显

尖翅灰蝶十分顽强，当寒冷冬季到来时，它们仅仅栖息于一片小小树叶之上。在绝大部分时间里，它们的前足都蜷缩着，一旦暴风雨雪来临，它们会伸出前足，紧紧抓住树叶，不过只有很少的尖翅灰蝶能坚持到春天到来，可它们顽强的性格值得我们学习。

形态 尖翅灰蝶的头、胸、腹部为褐色，上面长有褐色绒毛。雄蝶的翅面为黑褐色，前翅中区与后翅外部有橘红色斑纹，十分明显；翅的反面与正面大致相同。雌蝶的翅面与雄蝶类似；但翅的反面为银白色，在阳光下显得十分明亮，相比之下雄蝶的颜色更亮丽。

习性 **飞行：**较迅速，路线不规则。**宿主：**幼虫常以蝶形花科野葛等为宿主植物。**食物：**成虫不喜访花，常食动物粪便和腐烂水果。**栖境：**喜欢在低山和平地的溪流旁栖息，也常生活在林缘的开阔地带。

繁殖：卵生，一年可发生多个世代，经历卵—幼虫—蛹—成虫四个阶段。雌蝶常将卵产在宿主植物的叶片上；幼虫分为5龄。

触角细长，上面有黑白相间的斑马纹，呈棒状，顶端为黑色

别名：红灰蝶、无尾灰蝶 | 英文名：Purple-shot copper | 翅展：30~40mm

昙梦灰蝶　　　　　　灰蝶科，灰蝶属　｜　学名：*Lycaena thersamon* Esper

昙梦灰蝶

赏蝶季节：春、夏、秋季，5~9月

赏蝶环境：草丛中、干热的灌木中以及河谷等地

　　昙梦灰蝶的翅面颜色鲜艳，翅的正面基本没有任何斑纹，而反面有很多斑点与斑纹。

前翅外侧长有白色绒毛，亚外缘处有一列黑色斑点

形态　昙梦灰蝶的头部为白色，上面有黑色斑纹，胸部为深灰色，上面长有灰色长绒毛，腹部为棕褐色，上面长有褐色绒毛。前翅的翅面为棕褐色，翅边有一条黑色斑纹；后翅翅面为棕褐色，较前翅深一些，翅边有一条黑色斑纹，其外侧长有白色绒毛，亚外缘处有2列黑色斑点，外侧的斑点为方形，排列整齐，较清晰，内侧斑点并不十分清晰。

习性　**飞行**：速度较快，喜欢在阳光下欢快地起舞。**宿主**：蓼科的各种酸模。**食物**：成虫喜欢在干燥炎热的地方访花，食花粉、花蜜、植物汁液等。**栖境**：海拔1000m左右的低地，草丛中、干热的灌木中和河谷等地。**繁殖**：卵生，一年可发生2~3代，经历卵—幼虫—蛹—成虫四个阶段。雌蝶常将卵散产于宿主植物的叶面上，卵为单产；幼虫分为5龄；蛹为悬蛹。

触角细长，上面有黑色和白色相间的斑马纹，呈棒状，顶端为黑色

前翅的反面为淡黄白色，上面有淡黄白色的鳞片，中部散布着很多黑色的斑点，没有规律，亚外缘处有一条很宽的橘黄色的斑带，斑带上有2列黑色的斑点，分别在橘黄色斑带的两侧，外缘处有一条黑色的细线纹，翅边长有淡黄白色的绒毛；后翅反面的翅面颜色和斑纹与前翅反面的大致类似

别名：小铜灰蝶　｜　英文名：Lesser fiery copper　｜　翅展：28~32mm

分布：从东欧、南欧到蒙古和中国的东北等地

红灰蝶

赏蝶季节：春、夏、秋季，3~10月，尤其3月份
赏蝶环境：山坡灌丛等地

红灰蝶看上去可爱而又活泼，其翅膀上的斑点并非警戒色，而是通过光线的反射来影响视觉的正确感知，使掠食者不能正确定位，它则利用这瞬间逃脱。

后翅亚外缘处有一条橘红色斑带，外缘处有一圈白色镶边，十分明显，将其与周围环境分割开来，以示警戒

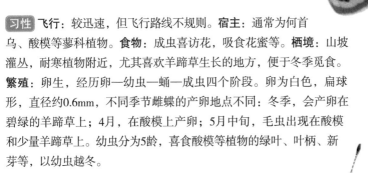

形态 红灰蝶是一种小型蝴蝶，前翅翅面为橘红色，上面散布着9个黑色斑点，排列无规则，翅边有一圈深褐色斑带；后翅大部分翅面为深褐色。雄蝶的前翅为均匀橙红色，而雌蝶的后翅反面后缘有一个突出斑纹。

习性 **飞行：**较迅速，但飞行路线不规则。**宿主：**通常为何首乌、酸模等蓼科植物。**食物：**成虫喜访花，吸食花蜜等。**栖境：**山坡灌丛，耐寒植物附近，尤其喜欢羊蹄草生长的地方，便于冬季觅食。
繁殖：卵生，经历卵—幼虫—蛹—成虫四个阶段。卵为白色，扁球形，直径约0.6mm，不同季节雌蝶的产卵地点不同：冬季，会产卵在碧绿的羊蹄草上；4月，在酸模上产卵；5月中旬，毛虫出现在酸模和少量羊蹄草上。幼虫分为5龄，喜食酸模等植物的绿叶、叶柄、新芽等，以幼虫越冬。

头、胸、腹部为深褐色，上面长有褐色的长绒毛，触角顶端呈棒状

别名：铜灰蝶、黑斑红小灰蝶 | **英文名：**Small copper | **翅展：**30~35mm

分布：欧洲、美洲、非洲、朝鲜、日本和中国东北、华北地区以及浙江、福建、河南、江西、贵州、西藏

斑貉灰蝶

赏蝶季节： *7月中旬至9月中旬*
赏蝶环境： *干燥的草地与灌草丛中*

斑貉灰蝶翅膀的正反面差异较大，正面颜色鲜艳，而反面的颜色类似于土黄色，可以很好地保护自己。

头、胸、腹部为棕褐色，长有棕褐色和白色长绒毛

形态 斑貉灰蝶的前后翅的翅面为橘红色或橙红色，翅边有一条黑色斑带，十分狭窄，且翅边长有暗褐色绒毛，后翅外缘有一列黑色斑点，与翅边的黑色斑带相连，排列整齐，斑点很小，后翅翅边呈微波状。翅的反面颜色较淡，为灰黄色，散布着很多黑色斑点，大小不一、形状各异，分布无规律，较杂乱，后翅的亚外缘还有几个白色斑点。

习性 **飞行：** 速度较快，喜欢在阳光下欢快地起舞。**宿主：** 幼虫通常以酢浆草等植物为宿主。**食物：** 成虫喜访花，食花粉、花蜜、植物汁液等。**栖境：** 海拔1000~2000m的地方，如干燥的草地与灌草丛中。**繁殖：** 卵生，经历卵—幼虫—蛹—成虫四个阶段。雌蝶常将卵产在干燥处，如酢浆草的茎上，卵为白色，以卵越冬；幼虫分为5龄，身体颜色为绿色，常以酢浆草等植物为食物，且常在夜间取食。

翅膀颜色鲜艳，十分美丽

触角细长，上面有黑白相间的斑纹，呈棒状，顶端黑色

别名：珍稀铜灰蝶 | 英文名：Scarce copper | 翅展：不详

分布：欧洲中部以及亚洲的温带地区

线灰蝶

赏蝶季节： *6月下旬至8月下旬*
赏蝶环境： *灌草丛中*

　　线灰蝶的两性差异较大，但其翅面的颜色都较为暗淡，且翅的反面都有细线状的斑纹，故得其名。

前、后翅的翅边都有一圈白色绒毛

形态 雄性线灰蝶的翅面呈棕褐色，上面没有斑纹；后翅外缘呈锯齿状，有宽尾状突出。雌蝶的头、胸、腹部为棕褐色，长有棕褐色绒毛，触角呈棒状，顶端黑色。前翅的翅面为棕褐色，中部有一个较大的橘红色斑纹，翅边长有白色绒毛；后翅翅面为暗褐色，臀角处一个橘红色细斑带，翅边微波状，外缘有一条极细的橘红色斑带。

习性 **飞行：** 速度较快，喜欢在阳光下欢快地起舞。**宿主：** 幼虫通常以黑刺李等植物为宿主植物。**食物：** 成虫喜访花，食花粉、花蜜、植物汁液等。**栖境：** 灌草丛中。**繁殖：** 卵生，经历卵—幼虫—蛹—成虫四个阶段。雌蝶常将卵产在黑刺李等植物的叶面上，卵为白色，以卵越冬；幼虫分为5龄，身体为绿色，并带有黄色线条，幼虫白天不动，只在晚上摄食；6月下旬到7月下旬化蛹。

翅的反面为黄褐色，前、后两翅外缘的毛为褐色，中部有一条横的细线，为白色，前宽后窄，到中室即消失，这条白色细线的内侧为棕黄色，靠近亚外缘处还有一条白色细线，臀角处有一个小的黑色斑点

头、胸、腹部为白色，并且上面长有白色绒毛，触角顶端呈棒状

别名： 背红小灰蝶、华灰蝶、三线灰蝶、台湾三线小灰蝶 | **英文名：** Brown hairstreak | **翅展：** 38~40mm

分布： 欧洲、亚洲等温带地区，比如中国的北京、吉林、黑龙江、浙江等地

豹灰蝶

赏蝶季节：6~8月

赏蝶环境：灌草丛中

触角呈棒状，顶端为黑色

豹灰蝶的翅面上只有黑、白两种颜色，十分显眼，这斑纹就像豹子身上的花纹一样，故得其名。

形态 豹灰蝶的翅面主要是白色，上面散布着很多黑色斑点，零零星星，没有规则，基本每个翅室有2~3个，前后翅的翅边长有黑白相间的绒毛，外缘和亚外缘区各有一列黑色斑点，排列较整齐，亚外缘区的斑点较外缘的大一些。雄蝶的前翅基是暗灰色的，翅边是黑色的，翅顶和末端的黑色边缘更宽些，而后翅的黑色斑带上还有2列白色斑纹，外面的一列为细线纹，里面的一列为波浪纹；雌蝶的翅面和底面的黑色斑点比雄蝶宽些，前、后翅的基部有浅蓝色鳞片，其余特征和雄蝶大致相似。

腹部有一圈
一圈的白色
斑纹

习性 **飞行**：速度较快，喜欢在阳光下欢快地起舞。**宿主**：通常为大青枣等植物。**食物**：成虫喜访花，食花粉、花蜜、植物汁液等。**栖境**：灌草丛中。**繁殖**：卵生，经历卵—幼虫—蛹—成虫四个阶段。卵为白色，表面有突起，雌蝶常将卵产在宿主植物的叶片背面；幼虫分为5龄，以枣树为食，身体是明亮的绿色，表面粗糙，上面有黄色双线，两侧有小黄点；蛹的颜色有黑、绿等多种，狭长且呈轻微扁平状，光泽明亮，犹如上胶。

头、胸、腹部为黑色或暗灰色，
上面长有灰色绒毛

別名：不详 │ 英文名：Common pierrot │ 翅展：30~40mm

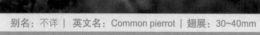

▶ 分布：印度、缅甸、印度尼西亚和中国四川、云南、广西、海南等地

黄星绿小灰蝶

赏蝶季节： *3月下旬至6月下旬，7、8月亦见*
赏蝶环境： *丘陵地带、灌木林地、荒地和空地中*

　　黄星绿小灰蝶的翅面上密布浅绿色鳞片，非常
漂亮，给人一种赏心悦目的感觉。

雌、雄两性腹面
的绿色非常优美

形态 黄星绿小灰蝶的翅面为灰白色，上面密
布浅绿色鳞片，前、后翅基部的鳞片较密集，
颜色较深，前、后翅的翅边长有灰白色绒毛。雄蝶
与雌蝶的颜色与斑纹大致相同，唯一区分特征是雄蝶的
后翅翅面上有一个小椭圆形斑纹，这是由发香鳞组成的，
为性标。

习性 **飞行：** 速度较快，喜欢在阳光下欢快地起舞，且雄蝶表现出领域行为。**宿
主：** 幼虫通常以林乃豆、金雀花和其他草本植物等为宿主。**食物：** 成虫喜访花，食
花粉、花蜜、植物汁液等。**栖境：** 海平面到海拔2300m的丘陵地带、灌木林地、荒
地和空地中。**繁殖：** 卵生，一年仅
发生一代，经历卵—幼虫—
蛹—成虫四个阶段。雌蝶
常将卵产在宿主植物的叶面
上，卵为单产，白色，半透
明，表面有很多条纹；幼虫分
为5龄，身体为绿色，沿背部有
暗色线纹，两侧有斜向的黄色和绿
色斑纹，幼虫常取食林乃豆、金雀花
和其他草本
植物以及
灌木；以
蛹越冬。

翅膀拥有非同寻常的鲜艳亮丽颜
色和独特的复杂结构，启发科学
家发明高精度光刻3D打印技术

别名：不详 | 英文名：Green hairstreak | 翅展：25~30mm

分布： 遍及整个欧洲以及北非、北亚等地区

黄星绿小灰蝶

波太玄灰蝶

赏蝶季节： 全年大部分时间可见

赏蝶环境： 灌草丛中

　　波太玄灰蝶的翅面颜色也是以黑白为主，触角和足部都有黑白相间的斑马纹，身形优美，给人一种神圣的感觉。

形态 波太玄灰蝶的翅面为黑褐色，上面有细黑的线纹，没有其他斑纹。翅面上的黑色斑纹十分发达，沿外缘有2列黑色的斑纹，前翅靠外的那一列斑纹十分细小，很长，且各斑纹相连成弧形的条纹状，内部还有几条斑纹，形状、大小不一；后翅的外缘也有2列黑色的斑纹，靠外侧的斑纹很大，呈半圆形，靠内侧的斑纹又细又长，各斑纹相连成弧形的条纹状，内部也有几条黑色的斑纹，形状、大小不一，后翅臀角处有2个黑色的圆形斑点，外围有一圈橘黄色的外框，十分显眼，并且前翅的基半部无黑斑，而后翅的基部有3个小的黑色斑点，且黑斑内有银白色的鳞片并带有蓝绿色的闪光。

习性 **飞行：** 速度较快，并且喜欢在阳光下欢快地起舞。**宿主：** 不详。**食物：** 成虫喜访花，喜食花粉、花蜜、植物汁液等。**栖境：** 通常栖息在灌草丛中。**繁殖：** 卵生，经历卵—幼虫—蛹—成虫四个阶段。雌蝶通常将卵产在宿主植物的叶面上，卵为单产，白色，半透明，表面有很多条纹；幼虫分为5龄。

翅的反面为
灰白色

翅边长有白色缘毛，
有尾突，且尾突很长

触角上为黑白相间的斑
马纹，顶端为黑色棒状

头、胸、腹部为灰白
色，上面长有灰白色或
白色绒毛

别名：深色爱神蝶 | 英文名：Dark cupid | 翅展：不详

分布： 印度、老挝等地和中国的河南、陕西、四川、浙江等地区

尖翅银灰蝶

赏蝶季节： *6~8月*

赏蝶环境： *低山、平地溪流旁*

尖翅银灰蝶的翅形与大多数蝴蝶不同，端部为尖状，并且翅的反面都是银白色，非常漂亮，故得其名。

幼虫具有保护色，似玫瑰花瓣一般，长角

形态 雌性尖翅银灰蝶与雄蝶的翅面颜色差异较大，雄蝶的头、胸、腹部为黑褐色，长有黑褐色绒毛，触角细长，顶端为橘红色棒状；翅面为黑褐色，前翅中区和后翅外端有一大片橘红色或橙红色斑纹。雌蝶的头、胸、腹部为黑色，上面长有黑色绒毛，触角细长，顶端为橘红色棒状；翅面为黑色，斑纹为白色。

习性 **飞行：** 速度较快，飞翔迅速，喜欢在阳光下欢快地起舞。**宿主：** 幼虫常以豆科老荆藤、水黄皮、山葛等植物为宿主植物。**食物：** 成虫常吸食动物的粪便和腐果的汁液等。**栖境：** 大多在低山、平地的溪流旁栖息与活动。**繁殖：** 卵生，一年可发生多代，世代重叠，经历卵—幼虫—蛹—成虫四个阶段。雌蝶常将卵产在宿主植物的叶面上，卵为单产，白色，半透明，表面有很多条纹；幼虫分为5龄，常以豆科老荆藤、水黄皮、山葛等植物为食，取食这些植物的新芽、幼叶或花苞等。

尖翅银灰蝶的翅形与斑纹随季节的变化而变化，秋、冬型的翅形比较尖，且翅面上的斑纹大而明显

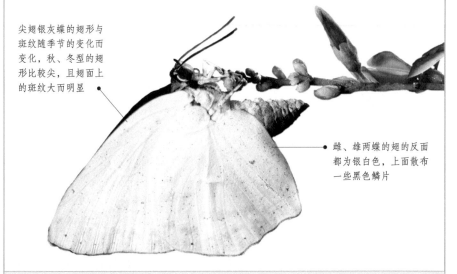

雌、雄两蝶的翅的反面都为银白色，上面散布一些黑色鳞片

别名： 银背小灰蝶、银斑小灰蝶、银小灰蝶　｜　**英文名：** Angled sunbeam　｜　**翅展：** 30~40mm

●　**分布：** 朝鲜、日本、缅甸、印度和中国华中、华南、西南、东南等地

红边小灰蝶

头、胸、腹部为棕褐色，长有褐色绒毛

赏蝶季节： *5~9月，但6~7月为最佳观赏季节*
赏蝶环境： *草地、灌木林地的空地以及沿海*

　　红边小灰蝶的翅面亚外缘处有一列橙红色半月状斑点，就像一条红色的边，这是其显著的标志，故得其名。

形态　红边小灰蝶的翅面呈褐色，前翅的翅边长有白色或褐色绒毛，亚外缘处有许多橙红色半月状斑点，排列整齐，形成一条斑点链，中间部位有一个黑色斑纹，十分明显；后翅翅边长有白色绒毛，亚外缘处也有一列橙红色半月状斑点，排列整齐，形成一条斑点链。雌蝶与雄蝶大致相同，雌蝶体形比雄蝶大，翅面上的斑点也较大，而雄蝶翅面上有大面积的蓝紫色金属光泽，雌蝶的翅面上则有红色的斑纹。

习性　**飞行：** 速度较快，喜欢在阳光下欢快地起舞。**宿主：** 幼虫通常以石南等植物为宿主。**食物：** 成虫喜访花，食花粉、花蜜、植物汁液等。**栖境：** 草地、灌木林地的空地及沿海等地区。**繁殖：** 卵生，一年可发生2个世代，经历卵—幼虫—蛹—成虫四个阶段。雌蝶常将卵产在宿主植物的叶片背面，卵为单产，白色，半透明，表面有很多条纹；幼虫分为5龄，身体为绿色，上面带紫色条纹和暗绿色斜纹，幼虫以石蔷薇为食。

别名：不详　英文名：Brown argus　翅展：20~35mm

分布：遍布欧洲的石南荒地，并跨越温带亚洲地区

淡黑玳灰蝶

赏蝶季节： 全年大部分时间可见

赏蝶环境： 中海拔地区的常绿阔叶林中

翅的反面为浅灰色

淡黑玳灰蝶的翅面带有金属般光泽，在阳光照射下，呈现出各种颜色，十分漂亮。

形态 淡黑玳灰蝶的翅面为白色或灰白色，上面没有其他斑纹；翅边长有一圈白色绒毛，外缘与亚外缘处各有一条灰色的斑带，外缘的斑带呈条纹状，十分模糊甚至消失不见，亚外缘的斑带非常清晰，较窄，从前翅的前缘延伸到后翅后缘，贯穿整个翅面，后翅臀角处有一个大的黑色斑点，周围有一圈橙黄色外框，十分显眼。

习性 **飞行：** 速度较快，飞翔迅速，喜欢在阳光下欢快地起舞。**宿主：** 幼虫通常以茶科植物，如大头茶、短柱山茶等为宿主。**食物：** 成虫喜访花，食花粉、花蜜、植物汁液等。**栖境：** 中海拔地区的常绿阔叶林中。**繁殖：** 卵生，一年可发生多个世代，且世代重叠，经历卵—幼虫—蛹—成虫四个阶段。雌蝶常将卵产在宿主植物的叶片背面，卵为单产，白色，半透明，表面有很多条纹；幼虫分为5龄，通常以茶科植物，如大头茶、短柱山茶等植物为食；蛹为缢蛹，以蛹越冬。

头、胸、腹部为白色，上面长有白色或灰白色长绒毛，触角上为黑白相间的斑马纹，顶端为黑色与红色的棒状

别名： 淡黑小灰蝶、大头茶灰蝶 | **英文名：** 不详 | **翅展：** 不详

● **分布：** 中国浙江、台湾、海南等地

酢浆灰蝶

赏蝶季节： 全年可见，5~11月较多
赏蝶环境： 丘陵或平原地带

酢浆灰蝶属灰蝶科眼灰蝶
亚科，是酢浆灰蝶属的单型种，
是平地最常见的小型蝴蝶。

形态 酢浆灰蝶的头、胸、腹部为白
色，上面长有白色或灰白色的长绒毛，
复眼上也有毛，呈褐色，触角为黑色，
每节上有白环，触角的顶端为黑色与白色的棒状。雌性酢浆灰蝶的翅面呈黑褐
色，翅的基部有蓝色的闪亮的鳞片，在低温的时候鳞片较多，有时可达到雄蝶高
温期的蓝色斑最发达的程度，而在高温的时候闪亮的鳞片则减退或消失不见，外
缘处有一条黑色的斑带，且翅边长有一圈白色或灰白色的绒毛，无尾突。雄性酢
浆灰蝶的翅面呈淡青色，外缘处的黑色斑带较宽。

习性 **飞行：** 通常飞得很低，喜欢在阳光充足的草地上或矮小开花的杂草上飞行。
宿主： 通常为酢浆草科、爵床科植物。**食物：** 成虫喜访花，吸食花蜜等。**栖境：** 丘
陵或平原地带。**繁殖：** 卵生，一年可发生多代，世代重叠，经历卵—幼虫—蛹—成
虫四个阶段。卵经常出现在黄花酢浆草等植物的背面，为扁平的盘状构造；幼虫分
为4龄，2~4龄幼虫具迁移、避热与适蚁行为，主要以酢浆草科、爵床科等植物为
食，也取食蝶形花科疏花灰叶，体色有绿色和褐色；蛹为缢蛹，以蛹越冬；卵期
3~4天，幼虫期22~26天，蛹期6~7天。

雌、雄两蝶的翅反面
都呈灰褐色，上面散
布有黑褐色的斑点

亚外缘处有2列黑褐色
斑点，靠外的一列形
状比较大

别名： 不详 | **英文名：** Pale grass blue | **翅展：** 22~30mm

分布： 东北亚、东南亚、南亚，中国分布于广东、浙江、湖北、江西、福建、海南、广西、四川、台湾

伊眼灰蝶

赏蝶季节： *6~9月*
赏蝶环境： *草地、海岸沙丘以及林间的空地*

伊眼灰蝶的翅形优美，翅面上密布着蓝色鳞片，在阳光的照射下闪闪发光。

形态 雌、雄两性伊眼灰蝶的颜色与斑纹差异较大，雄蝶的头、胸、腹部为黑色，上面密布蓝色长绒毛，触角细长，上面有黑白相间的斑马纹，顶端为黑色棒状；前、后翅的翅面为蓝色，上面没有斑纹，但密布着蓝色鳞片，两翅翅边都长有白色绒毛。雌蝶的头、胸、腹部为黑色，上面有黑色和蓝色绒毛，触角细长，上面有黑白相间的斑马纹，顶端呈棒状，颜色为黑色和蓝色；前、后翅的翅面为棕褐色，上面密布着蓝色鳞片，两翅的亚外缘处都有一列斑点，为橘红色或橘黄色，排列整齐，基本上每个翅室有一个，两翅的翅边都长有暗褐色的绒毛。

习性 **飞行：** 速度较快，飞翔迅速，喜欢在阳光下欢快地起舞。**宿主：** 幼虫常以豆科植物为宿主。**食物：** 成虫喜访花，食花粉、花蜜、植物汁液等，也食动物粪便。**栖境：** 草地、海岸沙丘及林间空地。**繁殖：** 卵生，经历卵—幼虫—蛹—成虫四个阶段。幼虫分为5龄，常以豆科植物为食，以幼虫越冬。

成虫寿命约3周

别名：不详 | 英文名：Common blue | 翅展：30~40mm

● 分布：美国的北部地区和加拿大

伊眼灰蝶

黑点灰蝶

赏蝶季节：全年大部分时间可见
赏蝶环境：森林中与灌草丛中

　　黑点灰蝶的翅形优美圆润，后翅的前缘中部处有一个黑色斑点，十分清晰，故得其名。

形态 黑点灰蝶的头部为黑色，上面有白色的斑纹，胸部与腹部为白色或乳白色，上面密布有白色的长绒毛，触角细长，上面有黑色和白色相间的斑马纹，顶端为黑色的棒状。前、后翅的翅面都为白色或乳白色，翅边有淡褐色的细线状斑纹。

习性 **飞行：**速度较快，喜低飞，飘忽不定，喜在阳光下欢快地起舞。**宿主：**芸香科、菊科、葫芦科等植物。**食物：**成虫喜访花、食花粉、花蜜、植物汁液等。**栖境：**森林中与灌草丛中。**繁殖：**卵生，经历卵—幼虫—蛹—成虫四个阶段。雌蝶常将卵产在宿主植物的叶片背面，卵为白色，椭球形；幼虫5龄，身体为翠绿色，半透明，常以多种芸香科植物为食，也以辣子草、绞股蓝等为食，老龄幼虫的身体上会有黄色与黑色斑纹；蛹为缢蛹，以蛹越冬。

反面的翅面也为白色或乳白色，亚外缘处有一列淡褐色斑纹，翅面中部还零零星星地散布着淡褐色或深褐色斑点

后翅的前缘中部处有一个黑色斑点，十分清晰明显

酷灰蝶

赏蝶季节： *5~8月*
赏蝶环境： 草地、牧场以及有花卉的地方

酷灰蝶的翅形非常优美圆润，翅面颜色美丽，在阳光的照射下，会发出金属般的光泽与各种颜色的光芒，具有较高的观赏价值。

形态 雌、雄两性酷灰蝶的颜色与斑纹差异较大，雄蝶的头、胸、腹部为黑色，上面密布蓝色长绒毛；前、后翅的翅面都为黑色，上面没有斑纹，但密布着蓝色鳞片，只有翅边还能看到一条黑色斑带，翅脉为黑色，两翅的翅边都长着白色绒毛。雌蝶的头、胸、腹部为黑色，上面密布着蓝色细绒毛；前、后翅的翅面颜色多样，在阳光照射下，呈现出绿、蓝、黄、棕等各种颜色，还带有金属光泽，翅边长有绒毛。

习性 **飞行：** 速度较快，常在阳光下欢快地起舞。**宿主：** 幼虫以红三叶等植物为宿主。**食物：** 成虫喜访花，食花粉、花蜜、植物汁液等，也吸食动物粪便。**栖境：** 海拔2800m以下的亚高山草场、灌木丛生的草地、牧场和有花卉处。**繁殖：** 卵生，一年仅可发生一个世代，经历卵—幼虫—蛹—成虫四个阶段。雌蝶常将卵产在宿主植物的叶面上，卵单产，白色，卵期1~2周；幼虫分为5龄；蛹呈橄榄绿色，蛹期约3周。

翅的反面为暗棕色，中部有几个黑色斑点，周围有一圈白色边框

别名：不详　|　英文名：Mazarine blue　|　翅展：32~38mm

分布：整个欧洲大陆，甚至延伸到北极圈，亚洲

PART 10
260~273页

弄蝶

弄蝶

赏蝶季节：*8~9月*

赏蝶环境：*高海拔的草场、花丛、树林中*

弄蝶是一种介于蝴蝶与蛾之间的鳞翅目昆虫，体形非常接近于蛾，但仍然被昆虫学家划入蝴蝶的分类。

雄蝶前翅的反面为黄褐色发绿，边缘为黑褐色，后翅反面为棕褐色，翅面上有白色斑点

形态 弄蝶是一种中小型蝴蝶，触角呈棍棒状，头部宽大，体形矮胖，翅膀较细小，且颜色多为暗色，头、胸、腹部为黑色，腹面上长有黄色的绒毛。雄蝶的翅面呈黄褐色，前翅亚外缘区呈深褐色，外缘呈黑色，翅脉为黑色，十分清晰，翅面上有两个黄色斑点；后翅翅面大部分为黑褐色，中室为黄色。雌蝶的前翅翅面上有四个白色斑点；后翅翅面的大部分为黄色。

习性 飞行：速度较快，喜欢跳跃飞行，轨迹飘忽不定，时速可达32km。**宿主**：主要为禾本科植物和豆科植物。**食物**：成虫大多偏好吸食鸟类的粪便，且常于溪边湿地吸收水分。**栖境**：高海拔的草场、花丛与树林中。**繁殖**：卵生，经历卵—幼虫—蛹—成虫四个阶段。雌蝶常将卵散产于宿主植物的叶面上，形状为半圆球形，上面有不规则的雕纹；幼虫分为5龄，体色深，头部大，呈纺锤形；蛹期10~14天。

雌蝶翅反面与正面大致相同，但翅面上的斑纹更明显

前、后翅的翅边都有灰白色的缘毛

别名：银斑弄蝶 ｜ **英文名**：Silver-spotted skipper ｜ **翅展**：30~35mm

分布：蒙古、欧洲和中国东北、山东、山西、四川、西藏、青海、新疆等地

珠弄蝶

赏蝶季节： *5月中旬至6月中旬*
赏蝶环境： *林缘空地、海岸沙丘、铁路和荒地*

珠弄蝶的翅面与树干非常相似，可以很好地保护自己，并且其主要具有环保与生态用途。

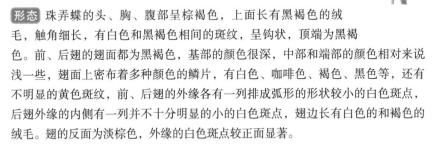

幼虫翠绿，身上有棱和黑色斑纹

形态 珠弄蝶的头、胸、腹部呈棕褐色，上面长有黑褐色的绒毛，触角细长，有白色和黑褐色相间的斑纹，呈钩状，顶端为黑褐色。前、后翅的翅面都为黑褐色，基部的颜色很深，中部和端部的颜色相对来说浅一些，翅面上密布着多种颜色的鳞片，有白色、咖啡色、褐色、黑色等，还有不明显的黄色斑纹，前、后翅的外缘各有一列排成弧形的形状较小的白色斑点，后翅外缘的内侧有一列并不十分明显的小的白色斑点，翅边长有白色的和褐色的绒毛。翅的反面为淡棕色，外缘的白色斑点较正面显著。

习性 **飞行：** 速度较快，飞翔迅速，喜欢跳跃式飞行，且多在早、晚飞行与活动，常停落在山路或岩石等的裸露处。**宿主：** 幼虫主要以刺芹属、莲花、小冠花、紫花苜蓿等植物为宿主。**食物：** 成虫喜访花，且大多偏好吸食鸟类的粪便，常常于溪边的湿地吸收水分。**栖境：** 通常栖息在草地到海拔2000m的地方，包括林缘的空地、海岸沙丘、铁路和荒地等。**繁殖：** 卵生，经历卵—幼虫—蛹—成虫四个阶段，在高海拔地区，一年只发生一个世代。雌蝶通常将卵散产于宿主植物的嫩叶上，形状为半圆球形；幼虫分为5龄，体色深，头部大，呈纺锤形；蛹为扁圆柱形。

翅黑褐色，有不明显的黄色斑纹

别名：连珠弄蝶、星列弄蝶 ｜ 英文名：Dingy skipper ｜ 翅展：30~35mm

分布：欧洲、朝鲜和中国河北、山东、山西、河南、宁夏、陕西、甘肃、四川等

欧洲弄蝶

触角较钝，呈棒状，顶端为黑色

赏蝶季节： *7月初至8月中旬*

赏蝶环境： *草地与灌木丛中*

欧洲弄蝶的身体大而翅膀较小，体形非常接近于蛾。

形态 欧洲弄蝶的头、胸、腹部呈浅褐色，上面长有棕褐色和浅褐色绒毛，体粗。前翅的翅面为橙黄色，翅边长有浅褐色绒毛，外缘处有一条黑色斑带；后翅的翅面也为橙黄色，基部颜色较深，为黑色，翅脉为黑色，十分明显，翅边长有浅褐色绒毛，外缘处也有一条黑色斑带。翅反面的前翅为黑褐色，后翅为淡黄色，翅面上有3列椭圆形的斑点，这些斑点为银白色，周围镶有黑色边框，最外面的一列有8个这样的椭圆形斑点，呈链状，排列整齐，形成一条斑点链，中间的一列有3个这样的斑点，最里面的一列有2个。

习性 **飞行：** 速度较快，喜欢跳跃式飞行，常在阳光下进行飞行与活动，也常停落在山路或岩石等的裸露处。**宿主：** 幼虫主要以禾本科植物和豆科植物为宿主。**食物：** 成虫喜访花，常以藜藜、牛眼雏菊、红三叶草等植物为蜜源。**栖境：** 草地与灌木丛中以及道路两旁等开阔地方。**繁殖：** 卵生，一年仅发生一代，经历卵—幼虫—蛹—成虫四个阶段。雌蝶常将卵散产于宿主植物的嫩茎上，卵为半圆球形，颜色为浅黄绿色，以卵越冬；幼虫5龄，身体为绿色，上面有黄色斑纹，头部为浅棕色，带有深色条纹，头部大，呈纺锤形；蛹为扁圆柱形，黄绿色。

别名：不详 | 英文名：Essex skipper | 翅展：25~29mm

分布： 北美地区以及通过欧洲到北非和中东等地区

黑豹弄蝶

赏蝶季节： *7~8月*
赏蝶环境： *棕壤土地带的林下明亮处*

黑豹弄蝶因其斑纹类似于豹身上的花纹而得名。

形态 黑豹弄蝶的体、翅皆为橙黄色，头、腹部长有绒毛，绒毛的基部呈褐色，端部呈灰黄色或橙黄色。前翅的翅面为黑褐色，各翅室均有黄色的斑纹，翅膀上的脉纹呈褐色或暗褐色，十分明显，外缘区有一条暗褐色的宽带，中部有暗的斑纹；后翅的翅面也为黑褐色，各翅室均有黄色的斑纹，前、后翅的外缘处都有一层灰白色的绒毛。反面上密布着橙黄色或黄褐色的鳞片，脉纹以及其两侧呈黑色，但很细，前翅的基部和后翅的外缘呈暗褐色。雄性黑豹弄蝶与雌性黑豹弄蝶的斑纹大致相同。

习性 **飞行：** 较为迅速，但路线不规则，常喜欢跳跃式飞行，多在早上与晚上活动，常停落在山路或岩石等裸露处。**宿主：** 幼虫主要以禾本科植物和豆科植物为宿主。**食物：** 成虫喜访花，尤其喜欢紫色的花，食花粉、花蜜、植物汁液等，也会吸食鸟类粪便，且常于溪边湿地吸水。**栖境：** 棕壤土地带的植物枝叶上。**繁殖：** 卵生，一年仅发生一代，经历卵—幼虫—蛹—成虫四个阶段。雌蝶常将卵散产于宿主植物的叶面上，形状为椭球形，半透明；幼虫分为5龄，体色深，头部大，呈纺锤形；蛹为扁圆柱形。

别名：赭弄蝶、黄星弄蝶、黄斑弄蝶 | 英文名：Small skipper | 翅展：30mm

● 分布：朝鲜、日本、俄罗斯和中国大部分地区

银弄蝶　●　　弄蝶科，银弄蝶属　|　学名：*Carterocephalus palaemon* Pallas

银弄蝶

赏蝶季节：5~7月

赏蝶环境：潮湿的森林中，蓝色的花朵附近

　　银弄蝶被广泛认为是一种林地蝴蝶，在潮湿的森林里繁殖，并且对蓝色的花朵有特别的喜好。

翅膀反面的图案与正面大致类似，只是前翅上的斑点为橘黄色略带有深色，后翅为枯叶色分布着奶油色斑点

形态　银弄蝶的体呈深棕色或黑色，翅正面黑褐色，有橙黄色斑纹，分布比较杂乱，但基本上都分布在中部。雌蝶和雄蝶基本类似，只是雌蝶的体形略大一些。

习性　**飞行**：较迅速，但飞行路线不规则，主要在上午到黄昏活动。**宿主**：宿主比较多样，例如银弄蝶在苏格兰的宿主是酸沼草，在英格兰的宿主主要是短柄草，欧洲大陆上通常是雀麦属的草，而在美国是紫色芦苇草等植物。**食物**：喜欢访花吸蜜，需要很多花蜜，尤其喜欢蓝色的花。**栖境**：潮湿的森林中或林地边缘的草原上。**繁殖**：卵生，经历卵—幼虫—蛹—成虫四个阶段。雌蝶常在6月或7月产卵，将卵一个一个地产在草丛中，卵期约10天；幼虫会将草叶卷起来，用丝裹起来作为隐蔽处，到了秋天，幼虫就会在这样的地方准备冬眠，冬眠前幼虫是浅绿色的，冬眠过后则变为浅米黄色；第二年春天时幼虫会醒，而后不再吃食物，在草叶上休息一周后化蛹，蛹呈浅黄色，上有深色条纹，蛹期5~6周；成虫将于5~6月飞出。

别名：不详　|　英文名：Chequered skipper　|　翅展：29~31mm

　●　　**分布**：朝鲜、日本、蒙古、欧洲、北美洲和中国东北、内蒙古、甘肃、新疆

隐纹谷弄蝶

赏蝶季节: *6~9月*
赏蝶环境: *树林中*

　　隐纹谷弄蝶的幼虫具有很大的危害，主要危害作物有水稻、玉米、高粱、谷子、甘蔗等。

形态 隐纹谷弄蝶的前翅上有几个半透明的白色斑点，排成不整齐的环状，雌蝶有5个，雄蝶的前部有2个，在近顶端有3个呈斜排的斑点，且有深色条纹；后翅的翅面为黑灰赭色，上面没有斑纹，亚外缘的中室外有5个小小的白色斑点，雄蝶的中室内有1或2个淡色的斑点，而雌蝶的中室内则有4~5个。雌、雄两蝶最明显的区别为，雄蝶的前翅后部有1条灰色的线状性标，即香鳞区。

习性 **飞行**：较迅速，但路线不规则，喜欢跳跃式飞行，多在早、晚活动，常停落在山路或岩石等裸露处。**宿主**：幼虫主要以禾本科植物和豆科植物为宿主。**食物**：成虫喜访花，食花粉、花蜜、植物汁液等。**栖境**：树林中。**繁殖**：卵生，一年可发生三代左右，经历卵—幼虫—蛹—成虫四个阶段。雌蝶将卵散产在叶面上，卵为半圆形，卵期4~5天；幼虫为淡绿色，分为5龄，3龄前在叶尖将叶缘向内纵卷，吐丝缀苞，4、5龄后离苞栖在叶面上取食，幼虫期21~28天，秋天会在杂草中准备越冬；次年结蛹，蛹期10~15天，6月羽化。

翅面为黑褐色，上面散布着黄绿色鳞片

别名: 不详 | **英文名**: Dark small-branded swift | **翅展**: 50mm

分布: 东北亚、东南亚、南亚和中国华北地区、辽宁、福建、浙江、广东、云南、四川、海南、台湾

小赭弄蝶

赏蝶季节： 6~9月
赏蝶环境： 丛林中

小赭弄蝶的翅面上多为金黄色的透明斑纹，非常漂亮，而其主要具有环保与生态的用途。

成虫常落在植物叶片上，翅上斑纹多为金黄色的透明斑纹

形态 小赭弄蝶的身体为黑色，且腹面上长有黄色的绒毛。雄蝶前翅的翅面为褐色，外缘为黑褐色斑带，较宽，中室下侧有纺锤形的黑色性标；后翅的翅面呈褐色，边缘为黑褐色斑带，中域有一块阴影状暗色斑点。前翅反面沿外缘处的宽斑带为黄褐色，翅脉为黑色；后翅反面为黄褐色，中域有一个浅黄色斑点。雌蝶前翅的翅面呈黑褐色，上面有黄色斑点，亚顶角区有一列斑点，倾斜排列，大致为长方形，部分重叠；后翅的翅面为黑褐色，中室有模糊斑点，亚外缘区的各翅室都有一个黄色斑点，排成弧形；前翅的反面沿前缘和外缘处密布着黄褐色鳞片，斑纹与正面相同；后翅反面为黄褐色，斑纹为浅黄色。

习性 **飞行：** 速度较快，喜欢跳跃飞行。**宿主：** 通常以禾本科植物为宿主。**食物：** 成虫喜访花，食花粉、花蜜、植物汁液等。**栖境：** 通常生活在丛林中。**繁殖：** 卵生，一年仅发生一代，经历卵—幼虫—蛹—成虫四个阶段。雌蝶常将卵散产于宿主植物的叶面上，形状为半圆球形；幼虫分为5龄，通常喜欢莎草科的植物，并以此为食，大多以2龄幼虫越冬。

有些种类前、后翅的正反面全部为亮黄色，翅脉和外缘呈黑色，前、后翅的翅边有黄色缘毛

别名：不详　|　英文名：Small ochre skipper　|　翅展：28~35mm

分布：蒙古、俄罗斯和中国东北、西北、华北、四川、西藏、江西、福建

银针趾弄蝶

赏蝶季节： 6~8月

赏蝶环境： 平地至中海拔山区

银针趾弄蝶和尖翅绒弄蝶的长相颇相似，但前者的前翅较圆润，而后翅反面有一条银白色的斑纹，类似银针，故得其名。

雌蝶后翅反面的白色细线更明显

形态 银针趾弄蝶的前翅近似于三角形且略带圆弧，后翅呈卵圆状。雌蝶与雄蝶的差异较大，雄蝶的翅面为黑褐色，前翅基部至后缘近基部有一个模糊的黑色斑点，带有金属光泽，为性标；后翅的翅面为黑褐色，没有斑点，基半部有暗褐色绒毛；前翅的反面沿前缘处有一条蓝紫色鳞带，带有金属光泽；后翅反面的基部三分之二为蓝紫色，并带有金属光泽，三分之一为暗褐色区域，中间以一条白色细线隔开，但此线有时消失不见，臀角处有黑色斑纹。雌蝶的前翅各翅室内都有一个浅黄色小圆点；后翅为棕褐色并带有白色；前翅的反面翅面上具有紫蓝色金属光泽；后翅反面的白色细线更明显。

习性 **飞行：**较为活泼，行动快速。**宿主：**台湾鱼藤、疏花鱼藤等植物。**食物：**成虫喜访花，吸食花蜜等，雄蝶会到湿地吸水。**栖境：**平地至中海拔的山区与密林。**繁殖：**卵生，经历卵—幼虫—蛹—成虫四个阶段。雌蝶常将卵散产于宿主植物的叶面上，形状为半圆球形；幼虫分为5龄，体色深，头部大，呈纺锤形；蛹为扁圆柱形。

翅边处长有灰褐色缘毛

雄蝶后翅反面的白色细线不甚明显

别名：台湾绒毛弄蝶、苛藤绒弄蝶、荆藤绒弄蝶 | **英文名：**White banded awl | **翅展：**30~35mm

分布：东亚、东南亚、南亚和中国四川、广西、海南、香港、福建、台湾等地

双带弄蝶

赏蝶季节： *6~7月*

赏蝶环境： *水边潮湿处*

　　双带弄蝶的前翅翅面上有一条透明的白色斑带，非常显眼，故得其名。

前翅的反面近顶角处沿外缘有一条灰白色鳞带，臀区为灰色，翅面上的斑纹与正面大致相同

形态 双带弄蝶的前翅翅面为黑褐色，中区有1条透明的白色斑带，略微倾斜，亚端部有3个小的白色斑点，翅边长有一圈白色绒毛；后翅翅面为暗褐色，没有斑纹，但密布着灰褐色绒毛，翅边长有一圈白色绒毛，且呈微波状，波谷处有白色斑纹。雌蝶、雄蝶的颜色与斑纹大致相同。

习性 **飞行：**较为迅速，大多在早、晚活动。**宿主：**通常为禾本科、豆科等植物。**食物：**成虫喜访花，食花粉、花蜜、植物汁液等，雄蝶常到溪边湿地吸收水分。**栖境：**水边潮湿处。**繁殖：**卵生，经历卵—幼虫—蛹—成虫四个阶段。雌蝶常将卵散产于宿主植物的叶面上，形状为半圆球形；幼虫分为5龄，体色深，头部大，呈纺锤形。

头、胸、腹部为灰褐色，头部和胸部长满褐色的长绒毛，头大，身体肥胖，触角为钩状

白色斑带由5个白色的斑点所组成，其中的4个斑点排列较为整齐，另一个斑点在外侧，各斑点间由翅脉分开

后翅的反面密布着灰白色的鳞片，中域和亚外缘区各有一条较模糊的暗带

别名：白纹弄蝶、宽纹斜带弄蝶、带弄蝶　｜　**英文名：**With the skipper　｜　**翅展：**40~49mm

分布：朝鲜、俄罗斯和中国大部分地区

姜弄蝶

赏蝶季节：春、夏季，5~9月

赏蝶环境：树林中

　　姜弄蝶的幼虫对作物具有非常大的危害，从5月中旬开始，以7~8月危害最重，并在早、晚转株危害，因此需要及时防治。

主要寄生于生姜、姜花等姜属植物

形态 姜弄蝶的前翅的翅面为黑色，中室内有两个透明的较大的白色斑点，其前面各翅室内共有5个小的白色斑点，它们分布没有规律，排列比较杂乱；后翅的翅面中部有一个较大的白色透明的斑块，这个大斑块被黑色的翅脉分成几个白色的斑点。

习性 **飞行**：较为迅速，喜欢跳跃式的飞行，多在早、晚活动，常停落在山路或岩石等裸露处。**宿主**：幼虫主要以禾本科植物和豆科植物为宿主。**食物**：成虫喜访花，食花粉、花蜜、植物汁液等，雄蝶会到溪边湿地吸收水分。**栖境**：草丛中。**繁殖**：卵生，一年可发生3~4代，经历卵—幼虫—蛹—成虫四个阶段。卵为半球形，顶部稍平，与叶面接触的周边成帽檐状，雌蝶将卵散产在宿主植物的叶背上，每次可产20~34粒；幼虫分为5龄，吐丝粘叶成苞，隐藏其中取食，老熟幼虫在叶背面化蛹，以蛹在草丛或枯叶内越冬；次年春天4月上旬开始羽化，产卵，卵期4~11天，成虫寿命10~15天。

头、胸、腹部为黑色，上面长有黑色绒毛，触角为钩状

别名：大白纹弄蝶、银斑姜蝶、羌弄蝶 | **英文名**：Grass demon | **翅展**：32~44mm

分布：东亚、东南亚、南亚和中国浙江、广东、云南、四川、海南、广西、福建、台湾

白伞弄蝶　｜　弄蝶科，伞弄蝶属　｜　学名：*Bibasis gomata* Moore

白伞弄蝶

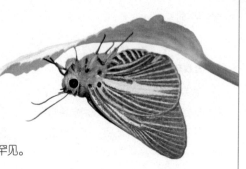

赏蝶季节：一年四季都可以观赏到

赏蝶环境：阴暗潮湿的花丛与树林中

　　白伞弄蝶的颜色较一般弄蝶鲜艳，它和蛾类有几分相似，但触角末端鼓胀，可以辨出是蝶类。由于在野外较难观察到它，常被误认为罕见。

形态 雌性白伞弄蝶与雄蝶的差异较大：雄蝶的翅面为暗褐色，各翅室的基半部为灰白色；后翅的翅面也为暗褐色，基半部的中室至后缘有放射状的白色条纹；前、后翅的反面各翅室均有贯穿的白色纵条纹，从基部向外缘逐渐变细，条纹间为深紫色，且边缘长有灰白色缘毛。雌蝶的前翅近基部有棕色绒毛，基半部呈蓝紫色，端半部呈紫色，各翅室内都有一个白色斑点；后翅的基半部被棕色绒毛覆盖，端半部为蓝紫色，翅面上没有斑纹；前翅的反面只有一个翅室内有白色斑点，其余各翅室内均有贯穿的白色条纹，且向外缘逐渐变细，条纹间为紫色；后翅反面各翅室内也有贯穿的白条纹，条纹间为深紫色。

习性 **飞行：**飞行快速，只在清晨光线微弱时活动，其余时间停留在林间叶底。**宿主：**禾本科植物和五加科的鹅掌柴属等植物。**食物：**成虫喜访花。**栖境：**阴暗潮湿的花丛与树林中。**繁殖：**卵生，经历卵—幼虫—蛹—成虫四个阶段。雌蝶将卵散产在宿主植物的叶面上；幼虫分为5龄，初龄幼虫为半透明的黄色，后出现黑白色条纹，幼虫食草，会将叶片用丝连起来做叶包，除了进食外，休息和结蛹都在叶包内进行。

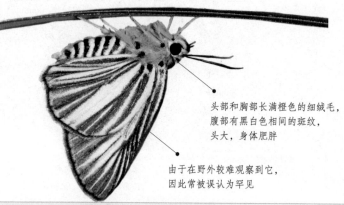

头部和胸部长满橙色的细绒毛，腹部有黑白色相间的斑纹，头大，身体肥胖

由于在野外较难观察到它，因此常被误认为罕见

别名：不详　英文名：Pale green awlet　翅展：30~35mm

分布：东南亚、南亚和中国陕西、湖北、四川、云南、海南、香港等地

角翅弄蝶

赏蝶季节： *6~8月*
赏蝶环境： *花丛与树林中*

角翅弄蝶是蝶类中形态及生活习性
最为特殊的一种，与蝴蝶形状大不相同，多
数人会把它当作蛾子，其实不然。

形态 角翅弄蝶是一种中小型蝴蝶，体形粗
壮，头大，眼的前方有睫毛，触角的端部呈尖钩
状，且触角的基部互相远离。翅面为栗褐色，前
翅的形状大致为三角形，中间的部位有一个黑色
的斑带，外缘处为棕褐色，与栗褐色的区域以一条
黑色的斑带隔开，中部还有一个半月形的透明斑，亚顶
角处有两个透明的白色斑点；后翅的形状大致为圆形，翅面
为暗黑色或棕褐色，基部的颜色较深，并长有棕褐色的绒毛，
端部的颜色较浅，基本为白色，且上面有一条白色的横带，并长有白
色的长毛。少数种类的颜色为黄色或白色。

习性 **飞行：** 较为迅速，且喜欢跳跃式的飞行，多在早上与晚上进行飞行与活动，
常停落在山路或岩石等的裸露处，其停靠时的翅膀也是张开的。**宿主：** 成虫通常以
破布叶等植物为食。**食物：** 成虫大多偏好吸食
鸟类的粪便，且常于溪边的湿地吸收水分。

栖境： 花丛与树林中。**繁殖：** 卵生，经历
卵—幼虫—蛹—成虫四个
阶段。雌蝶常将卵散产于
宿主植物的叶面上，形状
为半圆球形；幼虫分为5
龄，体色深，头部大，呈纺
锤形；蛹为扁圆柱形。

眼的前方有睫毛

外观朴素并不华丽耀眼，停栖时翅膀是
张开的，像一架准备起飞的战斗机，
不似其他弄蝶靠背展开

別名：不详 | 英文名：Chestnut angle | 翅展：30~35mm

● **分布：** 中国长江以南各省区

锦葵花弄蝶　　弄蝶科，花弄蝶属　|　学名：*Pyrgus malvae* L.

锦葵花弄蝶

赏蝶季节： *4~8月*

赏蝶环境： *草地或丛林中*

锦葵花弄蝶的身体大而翅膀相对来说较小，体形非常接近于蛾，但仍然被昆虫学家划入蝴蝶的分类。

触角细长，有黑白相间的斑纹，呈钩状

前翅的斑点大小不一、形状不规则，后翅的白色斑点比较小，十分模糊，界限不分明

形态 锦葵花弄蝶是一种小型蝴蝶，其头、胸、腹部呈黑褐色，上面长有黑褐色绒毛。前翅翅面为暗褐色，基部颜色较深，为黑褐色，上面长有白色绒毛，中部与端部密布着暗褐色鳞片，散布着十几个白色斑点；后翅翅面也为暗褐色，中部有一个较大的白色斑点，周围还有一些白色斑点。

习性 **飞行：** 速度较快，喜欢跳跃式飞行，多在早、晚飞行与活动，常停落在山路或岩石等的裸露处。**宿主：** 幼虫主要以禾本科植物和豆科植物为宿主。**食物：** 成虫喜访花，食花粉、花蜜、植物汁液等，也喜食鸟类的粪便，雄蝶常于溪边湿地吸收水分。**栖境：** 草地或丛林中。**繁殖：** 卵生，经历卵—幼虫—蛹—成虫四个阶段。雌蝶常将卵散产于宿主植物的叶面上，形状为半圆球形或扁圆球形；幼虫分为5龄，体色深，头部大，前胸为颈状，呈纺锤形，常吐丝缀数枚叶片成苞，在苞内取食，通常以禾本科植物和豆科植物为食；蛹为扁圆柱形，在幼虫联结的虫苞内化蛹。

翅边长有白色和暗褐色相间的长绒毛

别名：不详　英文名：Grizzled skipper　翅展：30~35mm

分布： 欧洲中部、北部和东部等地区以及中国的黑龙江、新疆等地

银星弄蝶

赏蝶季节： *6~8月*

赏蝶环境： *田野、花园和森林的边缘*

银星弄蝶的身体大，翅膀相对来说较小，体形非常接近于蛾，但仍然被昆虫学家划入蝴蝶的分类。

形态 银星弄蝶是一种大型蝴蝶，头、胸、腹部为黑褐色，胸部长有棕褐色绒毛。前翅翅面暗褐色，翅端有一小簇白色眼纹；后翅翅面也为暗褐色，但较前翅深一些。雌蝶与雄蝶颜色与斑纹大致相同，两蝶的后翅翅边均有小而钝的弯曲尾状突起。

习性 **飞行：** 速度较快，早、晚喜欢跳跃式飞行，常停落在山路或岩石等的裸露处。**宿主：** 禾本科和豆科植物。**食物：** 成虫喜访花，食花粉、花蜜、植物汁液等，雄蝶常于溪边湿地吸收水分。**栖境：** 温带森林与草地。**繁殖：** 卵生，经历卵—幼虫—蛹—成虫四个阶段。雌蝶常将卵散产于宿主植物的叶面上，幼虫5龄，常吐丝缀数枚叶片成苞，以禾本科和豆科植物为食；蛹为扁圆柱形，在虫苞内化蛹。

后翅中部有一条白色斑带，形状不规则

前翅上缀有橙色的花纹，中部有一条橙色的斑带

触角较长，呈钩状

不喜欢黄色的花，喜食鸟类粪便

别名：不详 | 英文名：Silver-spotted skipper | 翅展：45~60mm

分布：加拿大的南部、美国以及墨西哥的北部等地区

PART 11
276~281页

蚬
蝶

蛇目褐蚬蝶

赏蝶季节： 春、夏、秋季，5~10月
赏蝶环境： 山林

蛇目褐蚬蝶的后翅上有2个
眼状的斑纹，就像蛇的眼睛一样，
又因翅面呈褐色，故得其名。

形态 蛇目褐蚬蝶前翅的翅面外部有
2条比较宽的淡色横带，横带外的部分
与带间的部分颜色略深，显出2~4条深色

翅面颜色会因亚种或季节变化而变化，
有黑褐、棕红、褐黄等颜色

的横带纹，从前缘一直延伸到后缘，比较长；后
翅的翅边呈阶梯状，十分明显，外部有3条浅色横纹，其中一宽二窄，且后2条横
纹稍微呈波纹状，在顶角处有2个黑色大斑点，周围有一圈白色边框，臀角处也有
2个斑点，只不过比顶角处的小一些。雄蝶与雌蝶的颜色与斑纹的差异并不大，只
不过雌蝶的体形大一些。

习性 **飞行：** 速度较快，飞翔迅速，不易捕捉。**宿主：** 幼虫通常以禾本科植物、报
春花科植物与紫金牛属植物等为宿主。**食物：** 成虫喜访花，吸食花蜜等。**栖境：** 通
常生活在山林中。**繁殖：** 卵生，经历卵—幼虫—蛹—成虫四个阶段。雌蝶通常将卵
产在宿主植物的叶面上，卵有多种形状；幼虫分为5龄，颜色为浅绿色，体形为中
间宽，两边变细，头小；蛹为带蛹。

亚外缘区与外缘区的横带呈平行状态，
且外缘处有几条或深或浅的细线纹

前、后翅反面的颜色较
正面浅一些，斑纹也比
正面的明显清晰很多，
且前翅的反面中室内有1
个褐色的细斑

别名：不详 | 英文名：Plum judy | 翅展：40mm

分布：东南亚、南亚和中国浙江、福建、广东、广西、香港、海南等地

波蚬蝶

赏蝶季节： 春、夏、秋季，5~10月

赏蝶环境： 溪边的灌草丛

波蚬蝶的翅面颜色鲜艳，在阳光的照射下，会发出金属般的光泽与红褐色的光芒，非常漂亮，深得人们的喜爱。

翅反面的颜色略淡，但斑纹十分清晰

形态 波蚬蝶的头、胸、腹部皆为褐色，上面带有红褐色或黄褐色绒毛，触角细长，为黑白相间的棒状，顶端黑色，上面有一个小白点。翅面为绯红褐色，脉纹颜色较浅，节间有白环，前、后翅的翅边均为波浪状，波谷处有白色斑纹，后翅外缘中部的脉端突出，呈一定角度。

习性 **飞行：** 速度较为迅速，但飞行能力不强，飞行距离不远，且不喜欢在阳光下暴晒，喜欢在林缘遮阴处来回飞绕。**宿主：** 通常以紫金牛科的杜茎山、鲫鱼胆等植物为宿主。**食物：** 成虫喜访花，吸食花粉、花蜜、植物汁液等。**栖境：** 通常生活在溪边的丛林与灌木中。**繁殖：** 卵生，经历卵—幼虫—蛹—成虫四个阶段。雌蝶通常将卵散产于宿主植物的叶片背面，卵通常为半透明的黄白色；幼虫分为5龄，为浅绿色或黄绿色，寄居在灌木叶片的背面，不易被发现；蛹刚开始为白色，一天后变成淡绿色，并带有绿色的斑纹。

翅面上有许多小白点，内有黑褐色斑纹，在亚外缘处和中部的白色斑点排列较整齐，连成一条白色斑点链，中部斑点链的内外两侧还有几个零散的小白斑

别名： 斑点蚬蝶、麻型蚬蝶、紫金牛蚬蝶 | **英文名：** Punchinello | **翅展：** 35~45mm

分布： 东南亚、南亚和中国西南、华中、华东、华南等

银纹尾蚬蝶

赏蝶季节：春、夏、秋季，5~10月

赏蝶环境：山地密林中，溪边的灌草丛

银纹尾蚬蝶的翅面斑纹非常漂亮，在阳光照射下，会发出银白色的光泽。

前翅基半部有2条黄色横斑从前翅前缘一直延伸到前翅后缘

形态 银纹尾蚬蝶的头、胸、腹部皆为褐色，上面带有黄褐色绒毛，触角细长，呈棒状，顶端为黑色。前翅翅面为黑褐色，外缘处较直，呈微波状，顶端部有几个小的白色斑点，端半部有很多橙黄色斑点；后翅翅面也为黑褐色，外缘呈波浪状，波曲十分明显，黄色斑纹从前缘一直延伸到臀角处，后翅翅面上还有很多条纹，为橙色和银白色相间，最后汇聚于臀角。雌蝶与雄蝶翅面上的斑纹大致相同，只是雌蝶的体形较雄蝶大一些，且翅形较圆。

习性 **飞行**：喜欢在阳光充足时飞行与活动，飞行迅速但能力不强。**宿主**：紫金牛科植物。**食物**：成虫喜访花，吸食花粉、花蜜、植物汁液等。**栖境**：山地密林与溪边的灌草丛中。**繁殖**：卵生，经历卵—幼虫—蛹—成虫四个阶段。雌蝶常将卵散产于宿主植物的叶片背面；幼虫分为5龄，淡翠绿色，身体上长有短毛；蛹为淡绿色。

臀角突出或呈耳垂状，其外侧有尾状突起

触角像两条辫子

翅反面的颜色较正面稍浅，但斑纹十分明显，且后翅顶端有两个黑色斑点

别名：台湾小灰蛱蝶 ｜ **英文名**：Punch ｜ **翅展**：35~40mm

分布：东南亚、南亚和中国海南、广东、福建、台湾、江苏、浙江、河南、重庆、贵州、云南、西藏

黑燕尾蚬蝶

赏蝶季节：春末夏初，5~6月

赏蝶环境：海拔500m左右的山地密林中

黑燕尾蚬蝶是蚬蝶科中体形较大而数量较稀少的蝶种，翅面颜色与斑纹非常漂亮，后翅上有一对细而长的小尾突。

形态 黑燕尾蚬蝶是蚬蝶科中体形较大的一种，翅面为黑褐色。前翅的外端有许多大小不同、形状各异的白色斑点；后翅的外缘与亚外缘处各有一列白色的斑纹，翅边呈波浪状，臀角有垂状突出以及一个长尾巴。雌蝶与雄蝶翅面上的斑纹大致相同，只是雌蝶体形较大，翅面颜色较淡，所以上面的斑纹大而明显。

基部有一条白色斑带，中部有一条较宽的白色斑带，这两条斑带中间还有一条很细的白色斑带，这三条斑带都是从前翅前缘一直延伸到后翅臀角处

习性 **飞行**：较迅速但飞行能力不强、距离不长。**宿主**：紫金牛科的密花树等植物。**食物**：成虫喜访花，吸食花蜜等。**栖境**：海拔约500m的山地密林中。**繁殖**：卵生，一年可发生两代，经历卵—幼虫—蛹—成虫四个阶段。幼虫分为5龄，体形比较扁平，尾部较尖，喜欢在密花树的叶子背面活动，浅绿色的身体把它们伪装得很成功，不易受到掠食者侵袭，老龄幼虫在叶子背面化蛹；蛹为缢蛹，比较扁平，蛹期约10天。

翅反面为黄褐色，前翅的斑纹与正面一样

后翅的臀角处有一个橙黄色的斑块，颜色鲜艳，附近长有白色的绒毛

别名：不详 | **英文名**：Broad-banded punch | **翅展**：35~45mm

分布：缅甸、泰国、越南、印度、马来西亚、菲律宾和中国海南、福建、四川、云南

黑燕尾蚬蝶

燕凤蝶

中文名称索引

A

阿波罗绢蝶　218
阿芬眼蝶　172
阿图袖蝶　103
艾雯绢蝶　223
暗脉菜粉蝶　123

B

巴黎翠凤蝶　044
白璧紫斑蝶　157
白带螯蛱蝶　205
白带锯蛱蝶　187
白伞弄蝶　270
白裳蓝袖蝶　111
斑凤蝶　076
斑马纹蝶　195
斑貉灰蝶　242
斑缘豆粉蝶　134
报喜斑粉蝶　118
豹灰蝶　244
豹纹斑蝶　145
北美黑凤蝶　053
碧凤蝶　054
冰清绢蝶　219
波翅红眼蝶　165
波利西娜凤蝶　094
波太玄灰蝶　248
波蚬蝶　277
玻璃翼蝶　179
檗黄粉蝶　132

C

菜粉蝶　122
灿福蛱蝶　210
长尾虎纹凤蝶　074
长尾麝凤蝶　082
橙粉蝶　125
雌红紫蛱蝶　214
翠蓝眼蛱蝶　192
翠叶红颈凤蝶　085

D

达摩凤蝶　051
大帛斑蝶　152
大二尾蛱蝶　182
大绢斑蝶　149
大网蛱蝶　197
大紫蛱蝶　215
淡黑玳灰蝶　251
狄网蛱蝶　198
帝网蛱蝶　199
东方虎凤蝶　060
多尾凤蝶　096
多音白闪蝶　235

F

非洲达摩凤蝶　052
福布绢蝶　222

G

柑橘凤蝶　065
歌利亚鸟翼凤蝶　087
歌神闪蝶　228
钩翅眼蛱蝶　191
钩粉蝶　117
钩尾鸟翼凤蝶　092
光明女神闪蝶　226
果园美凤蝶　050

H

海伦闪蝶　232
海神袖蝶　106
鹤顶粉蝶　131
黑豹弄蝶　263
黑点灰蝶　256
黑虎斑蝶　141
黑框蓝闪蝶　231
黑燕尾蚬蝶　279
红斑美凤蝶　063.
红边小灰蝶　250
红带袖蝶　101
红灰蝶　241
红襟粉蝶　133
红锯蛱蝶　186
红鸟翼凤蝶　088

红星花凤蝶　095
红珠凤蝶　075
虎斑蝶　144
欢乐女神闪蝶　227
环袖蝶　100
幻紫斑蝶　155
黄斑扇袖蝶　113
黄环链眼蝶　162
黄裳眼蛱蝶　194
黄条袖蝶　104
黄星绿小灰蝶　245

J

加勒白眼蝶　173
佳丽尾蛱蝶　184
尖翅灰蝶　239
尖翅银灰蝶　249
姜弄蝶　269
角翅弄蝶　271
金斑蝶　140
金凤蝶　056
金堇蛱蝶　207
金裳凤蝶　041
锦葵花弄蝶　272
晶闪蝶　234
巨燕尾蝶　066
绢斑蝶　148
绢粉蝶　121
君主斑蝶　138

K

孔雀蛱蝶　190
枯叶蛱蝶　178
酷灰蝶　257
宽白带琉璃小灰蝶　238
宽边黄粉蝶　116

L

蓝点紫斑蝶　154
蓝凤蝶　055
蓝鸟翼凤蝶　090
老虎凤蝶　061
梨花迁粉蝶　127
利比尖粉蝶　135

琉璃蛱蝶 212
鹿眼蛱蝶 193
绿斑角翅毒蝶 202
绿豹蛱蝶 200
绿带豹斑蛱蝶 208
绿带翠凤蝶 045
绿带燕凤蝶 068
绿风蝶 077
绿鸟翼凤蝶 089

M
马拉巴尔帛斑蝶 153
玛毛眼蝶 169
美凤蝶 062
觅梦绢蝶 221
木兰青凤蝶 071
暮眼蝶 160

N
拟旖斑蝶 151
弄蝶 260
女皇斑蝶 139
女神珍蛱蝶 206

O
欧洲粉蝶 124
欧洲弄蝶 262

P
帕眼蝶 174
潘豹蛱蝶 203
潘非珍眼蝶 175

Q
迁粉蝶 126
青斑蝶 146
青凤蝶 069
青衫黄袖蝶 105
青鼠蛱蝶 213

S
散纹盛蛱蝶 211
啬青斑蝶 147
裳凤蝶 040
蛇目褐蚬蝶 276
蛇眼蝶 168
麝凤蝶 079

石冢鸟翼凤蝶 093
拴袖蝶 112
双带弄蝶 268
双列闪蝶 233

T
台湾帅蛱蝶 209
苔娜黛眼蝶 161
太阳闪蝶 230
昙梦灰蝶 240
悌鸟翼凤蝶 091
统帅青凤蝶 070

W
瓦曙凤蝶 083
网蛱蝶 196
忘忧尾蛱蝶 183
问号蛱蝶 185

X
西部虎凤蝶 057
细带闪蛱蝶 189
线灰蝶 243
小豹蛱蝶 204
小红珠绢蝶 220
小眉眼蝶 164
小天使翠凤蝶 048
小赭弄蝶 266

Y
亚历山大女皇鸟翼凤蝶 086
亚美利加杏凤蝶 097
艳妇斑粉蝶 120
燕凤蝶 067
伊眼灰蝶 253
旖斑蝶 150
旖凤蝶 078
艺神袖蝶 107
异型紫斑蝶 156
银弄蝶 264
银纹尾蚬蝶 278
银星弄蝶 273
银针趾弄蝶 267
隐藏珍眼蝶 163
隐纹谷弄蝶 265

英雄翠凤蝶 049
优越斑粉蝶 119
幽袖蝶 102
羽衣袖蝶 110
玉斑凤蝶 043
玉带凤蝶 042
月神闪蝶 229
云粉蝶 130

Z
窄斑翠凤蝶 064
蜘蛱蝶 201
中华虎凤蝶 084
珠弄蝶 261
紫闪蛱蝶 188
酢浆灰蝶 252

英文名称索引

A

Achilles morpho   234
Adonis blue   238
Alpine black swallowtail   045
Angled sunbeam   249
Arran brown   165

B

Banded orange heliconian   100
Bath white   130
Black swallowtail   053
Black veined tiger   141
Black-veined white   121
Blue admiral   212
Blue glassy tiger   150
Blue pansy   192
Blue peacock   064
Blue spotted crow   154
Blue tiger   146
Blue-banded morpho   233
Broad-banded punch   279
Brown argus   250
Brown hairstreak   243

C

Cairns birdwing   093
Cardinal   203
Ceylon blue glassy tiger   151
Chequered skipper   264
Chestnut angle   271
Chestnut tiger   149
Chinese luehdorfia   084
Chinese windmill   079
Chocolate pansy   191
Cisseis morpho   229
Citrus swallowtail   052
Citrus swallowtail   065
Clouded apollo   221
Common batwing   083
Common birdwing   040
Common blue   253
Common blue morpho   232
Common bluebottle   069
Common brimstone   117
Common buckeye   193
Common crow   155
Common emigrant   126
Common evening brown   160
Common grass yellow   116
Common jay   071
Common jester   211
Common mime   076
Common mormon   042
Common pierrot   244
Common rose   075

Common tiger   144
Cydno longwing   105

D

Danaid eggfly   214
Dark blue tiger   147
Dark cupid   248
Dark small-branded swift   265
Dark-branded bushbrown   164
Diana fritillary   208
Dingy skipper   261
Doris longwing   106
Dryad   168
D'Urville's birdwing   090

E

Eastern tiger swallowtail   060
Emerald nawab   184
Emerald swallowtail   048
Essex skipper   262
Eversmann's parnassian   223

F

False heath fritillary   199
False zebra longwing   103
Five-bar swordtail   077
Freyer's purple emperor   189

G

Giant blue morpho   227
Giant swallowtail   066
Giant swordtail   074
Glacial apollo   219
Glanville fritillary   196
Glasswinged butterfly   179
Glassy tiger   148
Golden birdwing   041
Goliath birdwing   087
Grass demon   269
Great mormon   062
Great nawab   182
Great orange tip   131
Great purple emperor   215
Great spangled fritillary   145
Green birdwing   089
Green dragontail   068
Green hairstreak   245
Green-veined white   123
Grizzled skipper   272

H

Helena morpho   226
High brown fritillary   210
Hill jezebel   120

K

Knapweed fritillary   197

L

Large wall brown   169
Large white   124

Leopard lacewing 187
Lesser fiery copper 240
Lime butterfly 051

M

Macular butterfly 113
Magpie crow 157
Malabar tree-nymph 153
Malachite 202
Marbled fritillary 204
Marbled white 173
Marsh fritillary 207
Mazarine blue 257
Monarch butterfly 138
Moss dianas satyrid 161
Mottled emigrant 127
Mountain Apollo 218
Multi bhutanitis 096

N

Nomion Apollo 220
Numata longwing 110

O

Old world swallowtail 056
Orange oakleaf 178
Orange tip 133
Orchard swallowtail 050
Oriental black swallowtail 054

P

Painted jezebel 119
Pale clouded yellow 134
Pale grass blue 252
Pale green awlet 270
Paper kite 152
Paradise birdwing 092
Paris peacock 044
Peacock pansy 190
Pearly heath 163
Peleides blue morpho 231
Pink-spotted windmill 082
Plain tiger 140
Plum judy 276
Postman butterfly 101
Punch 278
Punchinello 277
Purple emperor 188
Purple-shot copper 239
Puziloi luehdorfia 061

Q

Quaker 256
Queen Alexandra's birdwing 086
Queen butterfly 139
Question mark 185

R

Raja Brooke's birdwing 085
Red helen 043
Red lacewing 186

Red postman 107
Red-base jezebel 118
Ringlet 172

S

Sapho longwing 111
Sara longwing 112
Scarce copper 242
Scarce swallowtail 078
Scarlet mormon 063
Shan nawab 183
Silver-spotted skipper 260
Silver-spotted skipper 273
Silver-washed fritillary 200
Small Apollo 222
Small copper 241
Small heath 175
Small ochre skipper 266
Small skipper 263
Small white 122
Song of morpho 228
Southern festoon 094
Spangle 055
Spanish festoon 095
Speckled wood 174
Spider butterfly 201
Spotted fritillary 198
Striped albatross 135
Striped blue crow 156
Sunset morpho 230

T

Tailed jay 070
Tawny rajah 205
Tiger longwing 102
Tithonus birdwing 091
Tropical blue wave 213

U

Ulysses butterfly 049

W

Wallace's golden birdwing 088
Weaver's fritillary 206
Western courtier 209
Western tiger swallowtail 057
White banded awl 267
White dragontail 067
White morpho 235
With the skipper 268
Woodland brown 162

Y

Yellow orange tip 125
Yellow pansy 194

Z

Zebra longwing 104
Zebra longwing 195
Zebra swallowtail 097

拉丁名称索引

A

Abisara echerius   276
Anthocharis cardamines   133
Apatura iris   188
Apatura metis   189
Aphantopus hyperantusi   172
Aporia crataegi   121
Appias libythea   135
Araschnia levana   201
Argynnis Diana   208
Argynnis paphia   200
Aricia agestis   250
Atrophaneura varuna   083

B

Bhutanitis lidderdalii   096
Bibasis gomata   270
Brenthis daphne   204
Byasa alcinous   079
Byasa impediens   082

C

Callophrys rubi   245
Carterocephalus palaemon   264
Castalius rosimon   244
Catopsilia pomona   126
Catopsilia pyranthe   127
Cethosia biblis   186
Cethosia cyane   187
Charaxes bernardus   205
Chilasa clytia   076
Clossiana dia   206
Coenonympha arcania   163
Coenonympha pamphilus   175
Colias erate   134
Curetis acuta   249
Cyaniris semiargus   257

D

Danaus chrysippus   140
Danaus genutia   144
Danaus gilippus   139
Danaus melanippus   141
Danaus plexippus   138
Delias belladonna   120
Delias hyparete   119
Delias pasithoe   118
Deudorix rapaloides 251
Dodona deodata   279
Dodona eugenes   278
Dryadula phaetusa   100

E

Epargyreus clarus   273
Erebia ligea   165
Erynnis tages 261

E

Euphydryas aurinia   207
Euploea core   155
Euploea midamus   154
Euploea mulciber   156
Euploea radamanthus 157
Eurema blanda   132
Eurema hecabe   116

F

Fabriciana adippe   210

G

Gonepteryx rhamni   117
Graphium agamemnon   070
Graphium androcles   074
Graphium doson   071
Graphium sarpedon   069
Greta oto   179

H

Hasora taminatus   267
Hebomoia glaucippe   131
Heliconius atthis   103
Heliconius charithonia   104
Heliconius cydno   105
Heliconius doris   106
Heliconius erato   107
Heliconius hecale   102
Heliconius melpomene   101
Heliconius numata   110
Heliconius sapho   111
Heliconius sara   112
Heliconius xanthocles   113
Hesperia comma   260
Hypolimnas misippus   214

I

Idea leuconoe   152
Idea malabarica   153
Ideopsis similis   151
Ideopsis vulgaris   150
Iphiclides podalirius   078
Ixias pyrene   125

J

Junonia almana   190
Junonia coenia   193
Junonia hierta   194
Junonia iphita   191
Junonia orithya   192

K

Kallima inachus   178
Kaniska canace   212

L

Lamproptera curia   067
Lamproptera meges   068
Lasiommata maera   169
Lethe Diana   161
Lobocla bifasciata   268

Lopinga achine 162
Luehdorfia chinensis 084
Lycaena alciphron 239
Lycaena phlaeas 241
Lycaena thersamon 240
Lycaena virgaureae 242
Lysandra bellargus 238

M
Melanargia galathea 173
Melanitis leda 160
Melitaea cinxia 196
Melitaea diamina 199
Melitaea didyma 198
Melitaea phoebe 197
Minois dryas 168
Morpho achilles 233
Morpho cisseis 229
Morpho didius 227
Morpho godarti 234
Morpho hecuba 230
Morpho Helena 226
Morpho helenor 232
Morpho peleides 231
Morpho polyphemus 235
Morpho thamyris 228
Mycalesis mineus 164
Myscelia cyaniris 213

N
Neopithecops zalmora 256

O
Ochlodes venata 266
Odontoptilum angulatum 271
Ornithoptera alexandrae 086
Ornithoptera croesus 088
Ornithoptera euphorion 093
Ornithoptera goliath 087
Ornithoptera paradisea 092
Ornithoptera priamus 089
Ornithoptera tithonus 091
Ornithoptera urvillianus 090

P
Pachliopta aristolochiae 075
Pandoriana pandora 203
Paoilio thoas 061
Papilio aegeus 050
Papilio arcturus 064
Papilio bianor 054
Papilio cresphontes 066
Papilio demodocus 052
Papilio demoleus 051
Papilio glaucus 060
Papilio helenus 043
Papilio maackii 045
Papilio machaon 056
Papilio(Menelaides) memnon 062

Papilio palinurus 048
Papilio paris 044
Papilio polytes 042
Papilio polyxenes 053
Papilio protenor 055
Papilio rumanzovia 063
Papilio rutulus 057
Papilio ulysses 049
Papilio xuthus 065
Parantica aglea 148
Parantica sita 149
Pararge aegeria 174
Parnassius apollo 218
Parnassius eversmanni 223
Parnassius glacialis 219
Parnassius mnemosyne 221
Parnassius nomion 220
Parnassius phoebus 222
Pathysa antiphates 077
Pelopidas mathias 265
Pieris brassicae 124
Pieris napi 123
Pieris rapae 122
Polygonia interrogationis 185
Polyommatus icarus 253
Polyura eudamippus 182
Polyura jalysus 184
Polyura nepenthes 183
Pontia daplidice 130
Protographium marcellus 097
Pseudozizeeria maha 252
Pyrgus malvae 272

S
Sasakia charonda 215
Sephisa dichroa 209
Siproeta stelenes 202
Speyeria cybele 145
Symbrenthia liaea 211

T
Thecla betulae 243
Thymelicus lineola 262
Thymelicus sylvestris 263
Tirumala limniace 146
Tirumala septentrionis 147
Tongeia potanini 248
Trogonoptera brookiana 085
Troides aeacus 041
Troides helena 040

U
Udaspes folus 269

Z
Zebra heliconian 195
Zemeros flegyas 277
Zerynthia polyxena 094
Zerynthia rumina 095

参考文献

［1］卡特.蝴蝶:全世界500多种蝴蝶的彩色图鉴.北京：中国友谊出版公司，2005.

［2］黄灏.常见蝴蝶野外识别手册. 第2版. 重庆：重庆大学出版社，2009.

［3］寿建新.新版世界蝴蝶名录图鉴.西安：陕西科学技术出版社，2016.

［4］陈晓鸣.中国观赏蝴蝶.北京：中国林业出版社，2008.

［5］顾茂彬.陈佩珍.蝴蝶文化与鉴赏.广州：广东科技出版社，2011.

［6］黄灏.张巍巍.常见蝴蝶野外识别手册.重庆：重庆大学出版社，2018.

［7］诸立新.刘子豪.虞磊.欧永跃.安徽蝴蝶志.合肥：中国科学技术大学出版社，2017.

［8］［法］本杰明·博杰洛特. 探索发现——蝴蝶与蛾. 施程辉译. 上海：上海科学技术出版社，2016.

［9］彩万志.李虎.中国昆虫图鉴.太原：山西科学技术出版社，2015.

［10］袁锋.袁向群.薛国喜.中国动物志昆虫纲鳞翅目弄蝶科.北京：科学出版社，2015.

图片提供:

www.dreamstime.com　www.shutterstock.com